儿童心理行为指导手册

郑玉婷　廖云姗　主编

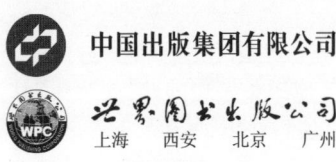

中国出版集团有限公司

世界图书出版公司

上海　西安　北京　广州

图书在版编目（CIP）数据

儿童心理行为指导手册／郑玉婷，廖云姗主编.
上海：上海世界图书出版公司,2025.7. -- ISBN 978
- 7 - 5232 - 2021 - 4

Ⅰ.B844.1

中国国家版本馆 CIP 数据核字第 2025EB9056 号

书　　名	儿童心理行为指导手册	
	Ertong Xinli Xingwei Zhidao Shouce	
主　　编	郑玉婷　廖云姗	
责任编辑	芮晴舟	
装帧设计	南京展望文化发展有限公司	
出版发行	上海世界图书出版公司	
地　　址	上海市广中路 88 号 9 - 10 楼	
邮　　编	200083	
网　　址	http://www.wpcsh.com	
经　　销	新华书店	
印　　刷	江阴金马印刷有限公司	
开　　本	889mm×1194mm　1/32	
印　　张	5.25	
字　　数	130 千字	
版　　次	2025 年 7 月第 1 版　2025 年 7 月第 1 次印刷	
书　　号	ISBN 978-7-5232-2021-4/ B·016	
定　　价	50.00 元	

编者名单

主　编

郑玉婷　昆明市儿童医院
廖云姗　昆明市儿童医院

副主编

刘福萍　昆明市儿童医院
孙美华　昆明市儿童医院
李皎骄　昆明市儿童医院
肖丽涛　昆明市儿童医院
范　娜　昆明市儿童医院
郁　涛　云南省精神病医院
顾小丽　昆明市儿童医院
韩亚娟　昆明市儿童医院

编　委

Contents | **目录**

第一章

婴儿期(出生后至 1 岁)心理困扰

婴儿时期的孩子,也会有心理问题吗? 答案非常肯定,是的。这种心理问题时有发生,要家长们引起足够的重视。很多家长不理解,为什么这么小的孩子会有心理疾病呢? 心理疾病不是大人才有的吗? 其实,婴儿也可能会有心理疾病。许多学龄前儿童的心理疾病都源于婴儿时期。许多案例表明,学龄前儿童的心理疾病早在婴儿时期就已经埋下隐患。学龄前是形成健康人格的关键时期,儿童开始由家庭环境逐渐向学校过渡,由于交流接触的范围扩大,容易受到多种不良因素的影响而出现各种心理健康问题,若不能及时发现并采取干预措施将会造成其终生的心理行为异常,给社会和家庭带来沉重负担。

第一节　为什么宝宝总在哭

家长困惑

为什么宝宝总在哭? 很多家长都有过这种经历,不管在什么场合,不管用什么方法,宝宝总是在哭闹。婴儿出现频繁哭闹,让新手爸妈感到非常的抓狂。因为他们往往并不知道婴儿的哭闹出于什么原因。那么,在日常育儿当中,婴儿总是哭闹到底是怎么回事呢?

一、正常表现

美国发展心理学家阿尔黛·索尔特博士曾说:"哭泣是机体

在进行重新构建时所做出的努力，这是进行自愈的一个过程。孩子每一次的哭泣都是他们进行自愈的一种表现，也是他们不断成长的一种标志。"也有科学家认为，对于孩子而言，哭闹是一种很好的运动方式，可以帮助他们运动全身，促进生长。可见，哭泣是孩子的一种表达方式，是疏导情绪的"武器"。父母想要更有效地安抚孩子，首先需要了解宝宝为什么哭。宝宝会在饥饿、寒冷、疼痛等生理需求没有得到满足时，通过表现出不同音调的哭声来表达自己的情绪和需求。

二、异常表现

在婴儿时期，宝宝一切生理需要均依赖成人，如果长时间不能与亲人建立依赖和信任，宝宝将产生不安全感。为适应不同的环境，宝宝常表现出不安、啼哭等消极情绪，甚至表现为持续剧烈的哭闹。当然，孩子哭闹还有达到目的的功能，由于宝宝无法用语言表达自己的目的，一旦着急上火，就会用哭闹的形式表达自己的需求。在宝宝的成长过程中，出现"哭闹"的现象非常正常，这个时候，家长们一定要学会判断孩子哭闹的原因。面对孩子的哭闹，家长的有些做法不可取。第一，家长一味地通过训斥、批评来压制孩子的情绪，越是不让孩子表达情绪，孩子越是容易出现更大的心理问题；第二，家长忽视孩子的感受，或者放任孩子哭闹，这样会让孩子永远也学不会调节自己的情绪。所以，家长应在宝宝哭闹时，正确感知宝宝的需求，与宝宝共同处理情绪问题。

【处理方法】

1. 婴儿若总是出现哭闹，肯定是因为身体的某些地方有不舒服现象发生。婴儿期的宝宝并不能用语言来表达，所以常常会用哭声来表示。婴儿期最常见就是婴儿腹胀，这种情况多数是因为消化不良而引起。家长应仔细观察留意是否由此原因而引起婴儿哭闹。

2. 检查是否是室内温度、湿度不适宜而引起婴儿身体不舒服。若室内温度过低或者是室内温度过于干燥,尤其是室内温度干燥时,常会让婴儿的鼻黏膜过于干燥而出现疼痛,引起哭闹,因此要控制好室内温度和湿度。

3. 观察婴儿是否有湿疹发生。婴儿湿疹也是婴儿期最常出现的皮肤疾患,尤其是湿疹较常发生在婴儿的小屁屁部位,也被称为尿布疹。婴儿湿疹常因为瘙痒和疼痛让婴儿发生哭闹。所以婴儿经常哭闹时,还要检查是否出现了婴儿湿疹。

此外,育儿当中,规律的生活习惯、融洽的家庭氛围、适度的社交活动和避免精神紧张与创伤,能使宝宝维持良好、稳定的情绪,有益于宝宝智能发展和优良品德的养成。

第二节 为什么要开始培养宝宝良好的 (吃喝拉撒睡)习惯

良好的习惯和出色的生活能力以及社会交往能力其实都是在婴幼儿时期培养的。婴儿生来就有一种被称为无条件反射的先天性反射活动。在家长的关照下,宝宝依靠这类反射维持自己的生存。在这些先天的、无条件反射的基础上,他们开始接受从家长那里获得的"教育",形成各式各样的后天性反射(条件反射),继而慢慢就养成了习惯。在宝宝0~3岁大脑神经元连接的关键期,家长应重视习惯养成教育,让早期形成的习惯神经元有效连接,使宝宝轻松养成良好的习惯。

一、饮食习惯

家长困惑

为什么用餐好习惯必须从小养成?宝宝还小,能学会自己吃东西吗?宝宝还小,什么都不会,如果不主动喂食,宝宝会饿肚子吗?

（一）正常表现

婴幼儿正处于生长发育的关键期,必要的营养供给是保障其全面发展、健康成长的重要因素。家长应重视培养他们良好的饮食习惯,包括定时、定量、定位进食,食前有准备;合理控制零食;不挑食,不偏食;注意饮食卫生和就餐礼貌。

1. 6 个月前咽汁液状食物。从新生儿期开始宝宝已具备吸吮与吞咽功能,这些功能主要靠他们先天性的反射完成。如觅食反射和吸吮反射等。

2. 6～8 个月学会吞咽泥糊状食物。6～8 个月的婴儿通常能用嘴和舌来配合吞咽较软的辅食,这意味着其主动吞咽行为发育较成熟。最初添加的泥糊状辅食如米粉稀糊、果泥和菜泥等,最好放在婴儿碗中,刚开始调得稀一些,使用婴儿小勺喂。

3. 8～10 个月学会咀嚼泥糊状、羹状、碎末状、颗粒状食物。家长应慢慢从泥糊性状逐渐过渡到颗粒羹状,如稀米粥、烂面条等,进而过渡到较大的颗粒羹状,如碎菜肉末粥、面片汤、疙瘩汤等。这个阶段食物的制作颗粒要由小到大,开始添加时尽量和大米粒大小相当,应煮得软,要有水分能流动。

4. 8～11 个月开始食用手指食物。手指食物指婴儿可以用手拿起来吃的食物。引进手指食物的顺序:第一阶段——长条形、方便抓,质地软烂、方便咬;第二阶段——小颗粒、手指抓,质地稍硬;第三阶段——独立吃饭。

5. 6～12 个月学会从开口杯或碗中喝水。这项饮食技能为孩子今后的语言学习与发展奠定扎实的生理基础。

6. 8～16 个月会使用吸管杯喝水。孩子能够使用吸管杯喝水的前提是具有较好的吞咽能力。因此,需要孩子能较好地吞咽颗粒状其至块状食物时,再让婴幼儿练习使用吸管杯。

（二）异常表现

宝宝出现挑食、偏食、食欲亢进或食欲减退、拒食等进食异常行为。

【处理方法】

1. 挑食、偏食要纠正。婴幼儿时期是饮食习惯形成的关键时期,这一时期宝宝喜欢模仿,因此家长对各种食物的喜恶会直接影响到宝宝,切不可在宝宝的面前议论自己的偏好和习惯。诸如"这鱼太腥了""青菜有些苦,我不喜欢""萝卜真难吃"等之类的话,这会立竿见影,让宝宝学习模仿。父母应该适时抓住各种机会,运用各种形式教育宝宝什么样的菜都要尝,如可通过儿歌、故事、看图讲述、课件录像等丰富直观的手段,耐心地讲解各种食物的营养及优点。每顿吃饭时间不宜过长,避免形成边玩边吃、挑食的坏习惯。

2. 培养主动进食能力,提升饮食兴趣。从宝宝5个月大开始,可以试着开启味觉。将新鲜果汁滴在宝宝舌头上,让宝宝品尝除了母乳或奶以外的其他味道,提高味觉及肠胃的适应能力。由于摄食方式的改变,8个月后可让宝宝独立吃饭,体验辅食。刚开始添加辅食时,宝宝还不习惯吞咽食物,多次练习后,宝宝渐渐掌握勺子进食、水杯喝水的方式;在适当的时机,可以清洁宝宝小手,将煮好的食物放在小碗中让宝宝抓食自喂,提高宝宝独立进餐的能力。

3. 使用固定的饭桌。7～9个月宝宝能够独自坐稳后,可以让宝宝坐在有靠背支撑的地方喂饭,也可用宝宝专用的前面有托盘的椅子。总之,每次喂饭靠、坐的地方要固定,让宝宝明白,坐在这个地方就是为了吃饭。

4. 防范意外,避免宝宝吞食异物。8个月开始宝宝爱哭、爱笑、爱闹,进食时喜欢边吃边玩,喜欢将物体或玩具放入口中玩耍。但宝宝的磨牙发育不全,不能细嚼食物,咳嗽反射不健全,这些都将增加宝宝吞食异物的危险系数,父母一定要格外注意。当心微小物品,如纽扣、硬币、别针、玻璃球、豆粒、糖丸等,将这些物品放置在宝宝接触不到的地方。注意有核水果,如枣、山楂、橘子、葡萄,应先把核取出后再喂食。注意玩具的零部件仔细检查其部件有无松动或掉下来的可能。

5. 注意观察,积极引导。在日常生活中父母要善于运用周围环境中出现的具有教育意义的信息,通过有意识地引导宝宝讨论交流,丰富其认知,提高宝宝对良好饮食习惯重要性的认识,促进其健康进餐。比如,让宝宝在显微镜下观察尚未洗的手和已洗干净的手,了解吃东西前为什么要洗手;在宝宝用餐后引导宝宝照镜子发现口腔中的食物残渣,通过观察讨论了解漱口的重要性。

二、排便习惯

家长困惑

排便习惯、如厕训练真的重要吗?随着年龄增长,宝宝自然就掌握了,为什么还需要培养呢?

(一)正常表现

培养婴幼儿良好的排便习惯,不但有利于卫生,而且能使婴幼儿的消化系统活动规律化,为正常的教养活动带来方便。婴幼儿时期,肠管总长度是宝宝自身身高的 6 倍,有利于营养物的吸收,但婴幼儿的肠壁肌层组织及弹性组织发育较差,肠蠕动能力弱。

(二)异常表现

肠内容物在肠内滞留时间过长,经肠壁吸收水分后,容易造成大便干燥而发生便秘。粪便在肠内停留时间过长还会产生毒素造成中毒而危害健康。小便的训练比大便的训练复杂且易反复。婴幼儿的膀胱容量小,黏膜薄嫩、弹性组织发育尚未健全,不易主动控制排尿。因此,婴幼儿在父母的帮助下养成良好的排便习惯是非常必要的。

【处理方法】

1. 3个月时,婴儿每天排便的时间已固定,父母可以帮宝宝把大便。6个月时,可训练婴儿坐便盆排便,父母扶住宝宝,嘴里发出"嗯嗯"声或"嘘嘘"声作为排便信号,提醒宝宝开始排便。如果宝宝大便已解在尿布上,应给他看尿布上的大便,然后指着便盆告诉他大便要解在便盆内。一定要防止用大声吓唬宝宝的方法,强制宝宝坐便盆,那样会使宝宝紧张而影响肠壁正常蠕动,造成心理性便秘。1岁以上的宝宝在大便前都会有神情发呆、涨红脸或翘屁股等体态表现,只要大人细心观察,就会及时发现。此时将宝宝抱到便盆上,宝宝都能顺利排便。

2. 启发诱导,晓之以理。通过录像、故事、儿歌等,采用多媒体的手段,深入浅出地讲明每日排便对身体健康的好处,比如自编故事《他为什么肚子痛》《我自己上厕所》,自编儿歌"小朋友,要记牢,每天排便很重要,脏物清除人舒服,身体健康长得高"。幼儿明白了为什么要每日排便的道理后,增强了自我保护的意识,早饭前后就愿意到厕所排泄。

3. 加强体育锻炼,促进代谢。在宝宝一日活动中,父母有目的、有计划、合理地让宝宝进行体育锻炼,如早起前做抚摸小肚子及蹬蹬小腿的动作。一天中的早操活动、体育活动、体育游戏、大型玩具等都能让宝宝大肌肉、小肌肉得到充分锻炼。在组织体育活动时要根据幼儿情况及季节特点调节好运动量。同时,注意让宝宝多喝水,饮食上多搭配粗粮和蔬菜等,以促进宝宝血液循环和新陈代谢,有利于大便通畅。

4. 提出要求,规范行为。宝宝通常在1.5~2周岁时有控制大小便的能力,每天清晨或晚间培养他坐便盆解大便的习惯,避免便秘发生。注意让宝宝养成良好的便后卫生习惯,比如擦屁股时应由前往后擦,以免粪便污染;大便后用肥皂或洗手液洗干净手,发现宝宝腹泻、便秘或大便有其他异常等应及时干预。

5. 创设良好环境。保证厕所干净、清洁、无异味。厕所设置安全、美观。可以让宝宝使用可爱动物形状的便盆,也可以使用尺寸适合的便池。家长适当陪伴,消除宝宝紧张心理,让宝宝逐步学会自己蹲厕所大小便。

三、睡眠习惯

家长困惑

爸爸妈妈忙了一天,到晚上想休息了,宝宝这时候却精神奕奕,弄得父母筋疲力尽。应该怎样培养宝宝的睡眠习惯呢?到底要不要和宝宝分床睡?

(一)正常表现

婴幼儿睡眠质量直接关系到其发育和认知能力的发展。科学睡眠习惯的建立,能够促进小儿体格生长,提高智力和免疫力。宝宝每天该睡多久才能保证睡眠质量呢?新生儿每天睡18~20小时是正常的,2~3个月时会缩短到16~18小时,4~9个月时缩短到15~16小时。随着月龄的增长和身体的发育,宝宝玩耍的时间会慢慢加长,所以睡觉的时间开始慢慢缩短,到1岁时才能逐渐形成午睡1次、晚上睡整晚的基本生活规律。然而,有些宝宝始终达不到相应睡眠时间,如果排除了种种因素,宝宝本身食欲正常,心情愉快,生长曲线和各项发育指标都正常,那就无须担心。

(二)异常表现

宝宝出现睡眠不足,精神萎靡,作息时间紊乱等异常情况。

【处理方法】

1.制定生活作息表,形成良好的生活和睡眠习惯。在宝宝6~8周时,父母可着重让婴幼儿感知白天和黑夜,培养睡整夜觉的好习惯。根据婴幼儿的性格特点和身体发育情况,为宝宝制定生活作息表,喝奶、玩耍、睡觉时间都相对有规律,在其身体状况良好的情况下,尽量按照作息表的时间进行作息。尽量早期发现宝宝的疲劳信号,如揉眼、抓耳朵等,让宝宝争取在这之前0.5~1小时,开始进入睡眠程序,包括洗澡、抚触、换睡衣、喂奶、换尿布、讲故事、听音乐,然后,将宝宝放到小床上告诉宝宝该睡觉啦。如果宝宝在该玩的时间困了,妈妈尽量不要由着宝宝睡过去,多引逗宝宝玩一会儿,让宝宝在该睡觉的时间睡觉。这样长期坚持下去,宝宝就能够获得稳定的生物钟,能够在正确时间里做正确的事情,配合身体发育的需要,建立良好的睡眠和生活习惯。

2. 为宝宝营造良好的睡眠环境。让宝宝睡醒后多与父母玩耍,保持室内光线明亮,不要刻意回避噪声,如电话铃声、电视声、洗衣机的声音等。在宝宝需要睡觉的时候,父母要刻意保持房间光线暗一点,保持房间安静,告诉宝宝这是睡觉的时间了。如果有时候生活规律出现变动,如家里有朋友聚会,或者外出旅行,那么也尽量不要打乱宝宝的睡眠规律,在宝宝需要睡觉的时候,尽量全家人配合,保持一个安静和舒适的环境,让宝宝快快入眠,补充能量。

3. 鼓励宝宝自己睡,尽量不和父母同床睡。从新生儿开始,就要为宝宝准备好自己的小床,如果宝宝没有特别的心理需求(比如,依恋期的形成、安全感的建立、敏感期等),则鼓励宝宝在自己的小床上睡,即使在妈妈的大床上睡着了,也鼓励父母把宝宝抱到自己的小床上睡。开始分床的时候可以让宝宝的小床与妈妈的大床挨着,给宝宝一种安全感和亲近感。在宝宝独自睡在小床上的时候,父母一定要给予宝宝鼓励和支持的眼神,告诉宝宝妈妈很喜欢他能够勇敢地自己睡,而不要过多地去看宝宝有没有睡着,表现出不放心和内疚的表情。这样坚持下去婴幼儿就会认为自己睡觉是一件自然的事情。不必强行要求1岁以内的宝宝分床睡,应当考虑宝宝的心理年龄、胆量、独立性、对父母的依恋程度等因素,太过"狠心"可能会造成宝宝安全感缺失和信任危机,很难弥补。

4. 培养合理的饮食习惯,不在睡前给宝宝吃太多的食物。妈妈要根据婴幼儿的情况,摸索出婴幼儿的食量和消化规律,如果婴幼儿容易半夜肚子饿,可以在晚餐时,给婴幼儿适量地加大一点辅食量,在婴幼儿入睡前的半个小时再给宝宝喝半瓶奶。在宝宝入睡时,帮助他排便,并更换舒适干爽的尿布,让宝宝香甜安静地入睡。

5. 外出和运动。婴儿期宝宝的探索欲望非常强烈,任何东西都可以吸引他的注意力。经常带宝宝出门走走看看、玩游戏等都是适合宝宝的运动,能促进其大脑发育。想要宝宝拥有好的睡眠,可每天带宝宝到公园或小区绿地进行不少于 2 小时的户外活动。白天充足的日照和运动能使宝宝充分释放能量,到晚上没有阳光照射时,褪黑素开始分泌,宝宝能更迅速地进入睡眠状态。

第三节　为什么新生儿宝宝除了吃饭就总在睡觉

家长困惑

为什么新生儿宝宝除了吃饭就总在睡觉?

一、正常表现

新生儿期睡眠时间在每天 18～20 小时,优质的睡眠是宝宝的生长源泉。新生儿由于大脑发育尚不完善,大脑皮质和神经细胞兴奋性低,容易疲劳,所以新生儿总的睡眠时间较长。而睡眠时间和次数与宝宝的年龄呈反比,年龄越小睡眠的时间和次数就越多。此外,新生儿刚刚脱离母体,来到外界,对周围环境不太适应。这些都是我们经常看到新生儿一天中除了喂奶、换尿布、洗澡时间外,基本都在睡觉的原因。出生一周的宝宝一天里有 90% 的时间是在睡眠中度过的,睡眠能使宝宝免受外界的干扰,使机体的各项生理功能不断完善,这是宝宝正常的、生理性的自我保护现象,保护宝宝脆弱的大脑细胞不受外界过度的刺激。多数宝宝在睡眠时比较安静舒坦,呼吸均匀而没有声响,有时小脸蛋上会出现一些有趣的表情。原则上,只要观察新生儿食欲正常、大小便正常、体重增长好,精神愉悦,没有哭吵、呕吐等异常,吃完奶睡觉就是正常的。

二、异常表现

1. 睡眠过少、频繁醒来

宝宝睡觉总不踏实,来回翻身,一有动静就容易惊醒,不会接着睡。哄睡 1 小时,睡觉半小时。

2. 昼夜颠倒、夜醒不睡

有的宝宝在半夜醒来后,没有立即睡觉,躺在床上能玩一两个小时,没人哄逗还会大哭。新生儿没有明确的昼夜规律。造成宝宝夜晚哭闹难眠的原因很多,最常见的是肚子饿和尿湿了,但也有可能是身体不适的表现,比如佝偻病、肠道痉挛、蛲虫症常于夜间发作,都会导致宝宝剧烈啼哭,家长应及时带宝宝到医院寻求医生帮助。

【处理方法】

1. 睡眠过少、频繁醒来的处理方法

(1)首先排除生理性的睡眠障碍。因为新生儿频繁排便、饥饿,或是纸尿裤、衣服穿戴不适造成的冷热差异导致宝宝不舒适,都有可能造成宝宝睡眠质量差、易醒等情况。父母要逐一排查,去除不良因素并加以安抚后,宝宝即可入睡。如果宝宝每天睡眠时间少于 12 小时,可能需要咨询医生,进行生长发育方面的监测。

(2)包裹让宝宝睡得更踏实。在宝宝能较好地控制自己的动作前,可以给宝宝裹一个舒服的襁褓,让宝宝有安全感,也可缓解惊跳反射。当宝宝控制运动的能力增强时,就可以逐渐停止包裹了。因为在包裹的情况下,宝宝一旦翻身成俯卧位或侧卧位,就可能翻不回仰卧位了,所以,一定要确保包裹的宝宝在仰卧位,使其处于一个舒适的睡眠姿势。

（3）营造安静和光线较暗的睡眠环境。新生儿刚从妈妈肚子里出来非常缺少安全感,所以在宝宝要睡觉时,安静和暗的环境比较像子宫内的环境,让宝宝感到熟悉且安全。妈妈还可以在宝宝两侧放置一些枕头,使其挨着宝宝,让宝宝有安全感,从而更安稳地入睡。在宝宝清醒时,要给予足够的关注,尤其是在满月前,宝宝非常需要平稳的环境和安全感。在睡前,妈妈抱着宝宝,对宝宝发出的信号和需求给予满足,这样不会惯坏宝宝,也不会形成不良习惯。

2. 昼夜颠倒、夜醒不睡的处理方法

（1）创造昼夜分明的睡眠环境。白天无须拉上窗帘,让宝宝接受柔和自然光的照明。即使宝宝睡着了,家人也可继续正常活动,不必刻意蹑手蹑脚,让宝宝能够感受到昼夜的区别,避免昼夜颠倒。夜晚,给宝宝营造安静、舒适的睡眠环境,调暗室内光线。如果光压力的长期存在,会使人尤其是婴幼儿表现得躁动不安,难以入眠。同时,宝宝长期在灯光照射下睡觉,会影响神经系统中网状激活系统,缩短每次睡眠的时间,使宝宝睡眠深度变浅而容易惊醒。光线会持续不断地刺激眼睛,眼球和睫状肌便不能得到充分的休息,极易造成视网膜的损害,影响其视力的正常发育。宝宝睡前还可播放轻柔舒缓的轻音乐或宝宝喜欢的白噪声,但时间不要过长。睡前不要过度逗弄宝宝,避免宝宝太兴奋。通过睡眠环境的明显差异,逐渐帮宝宝建立昼夜节律。

（2）尝试调整宝宝的昼夜睡眠时长。将洗澡、抚触、穿脱衣服等日常护理动作集中在白天完成。在宝宝刚表现出睡意时,用玩玩具、做游戏等方法转移注意力,适当减少白天的睡眠时间,增加夜晚的睡眠时间。晚上喂奶时,不要哄逗宝宝,喂完奶或换完尿布就把宝宝放下,以免宝宝形成夜间玩耍的习惯。

（3）适当顺应宝宝自身的"生物钟"。睡眠习惯应建立在尊重宝宝自然需求的基础上,在宝宝稍有困意还有精力玩耍时,可以让宝宝多玩一会,不要稍有困意就哄睡。但如果宝宝明显很困倦,就不能过于教条,强行破坏生物钟的做法得不偿失。

第四节 为什么宝宝总在找妈妈

家长困惑

当妈妈在宝宝身边时,宝宝也非常欢迎别人抱他、逗他,跟其他亲人甚至陌生人都玩得很开心。但是一旦妈妈不在宝宝身边,他就开始大声哭闹。宝宝这种表现正常吗?家长应如何应对?

一、正常表现

从婴儿出生开始,父母就很自然地为其提供有助于他们产生依恋的照顾,不过通常要到半年后婴儿才会明显地在情感回应上表现出对父母的依恋。这种依恋最先表现在家庭环境中,以前宝宝对父母离开似乎并不在意,随着认知和社交能力的发展会表现出焦虑不安,就好像他能清楚地感觉到对他很重要的人消失了,但随着婴儿习惯了日常生活中的这种短暂分离,知道这不会导致令人不开心的结果,这个阶段很快就会过去。同样,婴儿对父母逐渐增长的依恋感也会让即使和不熟悉的人都可以愉快相处的孩子变得挑剔起来。婴儿还可能会表现出新的恐惧和回避,不仅是对陌生人,甚至是对相当熟悉的人。当婴儿感到警惕、恐惧或者紧张不安的时候,他希望与父母保持身体上的接触,得到安抚,才有信心做出探索之举。

二、异常表现

1. 安全型依恋:安全型依恋有两个关键特征。

(1)婴幼儿会产生一种感觉,在自己有需求的时候,他的父母或者他依恋的其他人会待在自己身边，给予情感的支持或做出及时的回应。这就意味着他无须确认父母是否准备好或者是否愿意帮助他。

（2）有安全感的婴幼儿会感到自信，因为父母不仅在自己身边，而且在需要的时候他们还会给予安抚和帮助，能够消除自己的焦虑不安。

安全型依恋的婴幼儿通常能迅速从焦虑不安的情绪中恢复。他们将父母作为"安全基地"，从这里出发去探索，能够轻松地去享受其他活动带来的乐趣。

2. 不安全型依恋：此型孩子不像依恋需求得到父母满足的孩子那么自信。

（1）回避型：回避型不安全依恋的婴幼儿对父母的离开几乎不会显示出明显的不安。而且，当父母回来后，他们大多会对父母视而不见，避免和父母亲密接触。他也许会忙于玩玩具，让人看起来他更愿意自己玩玩具。虽然，这些孩子表面上可能不受父母离开的影响，因为他没有紧张不安的外在表现，但研究显示，这类情况下，他的心跳会加快，其他生理反应（如皮质醇水平会升高）也会受到影响，表明这些情况其实对孩子造成了压力。这种回避型依恋的孩子害怕表达自己的需求，在感到不安、害怕时他也不能自信地认为能得到父母的安抚。

（2）矛盾-抗拒型：这类宝宝通常会密切关注父母是否在身边，有些对于安全依恋的宝宝构不成挑战的环节，对这类宝宝来说却仍然是困难的。比如，当房间里有一位友好但不熟悉的人出现的时候，他就会无法安心玩耍和探索新事物。此型的孩子在面对不熟悉的环境和与父母分离这样的情境时也会表现出紧张不安，但是这些孩子的表现会更极端。而且，安全依恋的孩子在父母回来后就会感到安心和愉快，而这些不安全依恋的孩子即使父母安抚他，他仍然会感到不安，有时候还会生气或发怒，无法让自己平静下来继续玩耍或探索。

（3）混乱型：此型孩子反应不属于哪种明确的类型，或者虽然出现了其中某一种模式，但占主导的却是一些混乱的行为。这些孩子的依恋需求面对挑战时，通常表现出奇怪的、似乎没有明确目标的矛盾行为。例如，当父母短暂消失一段时间回到房间后，他可能刚开始时会靠近父母，然后转向相反的方向；他还可能会做没有方向性的、刻板的动作(如前后摇摆、撞头或来回挥手)；尤其是当父母在场的时候，他可能会突然僵住，甚至表现出害怕。

【处理方法】

1. 父母提供能够培养孩子安全感的照看。婴儿完全需要依赖他人的照料，需要父母更为敏感地回应来缓解自己不安的感觉。当他想要被抱起来的时候就抱起他来，感到烦躁不安的时候就安抚他，饿的时候就给他喂奶，想玩的时候就和他一起玩游戏。每个孩子表达需求的方式都不一样，对感受的回应也各不相同。因此父母需要了解自己孩子发出的信号和孩子的习惯，懂得如何调整自己的行为来更好地适应孩子。特别是当孩子非常紧张、难受的时候，更需要父母有足够的耐心，甚至强大的心理素质，才能找到有效帮助孩子的方法。

2. 父母回忆自己婴幼儿时期的经历。父母自身的体验能影响他们满足孩子依恋需求的能力。父母回忆自己在婴幼儿时期所受到的照看，思考自己现在的感受，会更容易理解孩子的情绪并满足孩子的需求。

3. 使用视频反馈，父母观看自己与孩子互动的视频时，花时间观察孩子的反应，从而能从孩子的角度重新看待事物。这不仅有助于父母思考孩子困难的体验和行为问题，而且还能帮助父母更清楚地捕捉到孩子的情感依恋信号。这样，交流的积极性可以得到提升，父母也能够意识到在与孩子的关系中自己拥有的巨大力量，从而受到鼓舞。

第五节 为什么宝宝总喜欢往嘴巴里塞东西

宝宝什么东西都往嘴里放,怎么办?家长要阻止吗?

一、正常表现

1. 宝宝的大脑在发育,但还不足以调动小手和双腿去探索世界。最先被唤醒的是嘴巴,什么东西都要往嘴里放一放、尝一尝、咬一咬,去感受质地和味道,去满足好奇心,发展求知欲和探索欲,不断给大脑输入新的感觉刺激信息,形成早期的大脑工作。

2. 宝宝正在经历长牙期,什么东西都往嘴里放的行为都是他们用来缓解牙床痒痒、缓解牙床疼痛的方式,除此之外,还能起到按摩和刺激牙龈的效果,帮助牙齿更好地萌出。

3. 饥饿。如果孩子长时间没有进食,他们可能会感到饥饿,看到东西就往嘴里放。此时,家长可以通过给孩子喂食来缓解症状,但需注意喂食的量和时间,确保孩子的营养需求得到满足。

4. 宝宝可能在通过这些行为来缓解紧张和焦虑,以便在妈妈不在身边的时候也能实现自我安抚,从而避免过多压力伤害敏感的大脑,这是一种很聪明的自我保护的方法。宝宝咬人也可能是不开心有情绪,或在吸引大人的关注但又不知道如何表达。家长可以通过宝宝咬人后是否会去观察父母的反应来判断他是不是有意识地在表达情绪。

二、异常表现

1. 缺钙。孩子身体生长速度较快,需要的营养物质比较多。如果孩子体内缺乏钙元素,可能会导致大脑和神经兴奋性增加,使孩子出现频繁往嘴里塞东西的情况。此外,缺钙还可能引起其他症状,如睡觉不踏实、头发发黄、骨骼发育异常等。此时,家长可以在医生的指导下给孩子补充钙剂,如葡萄糖酸钙口服溶液、醋酸钙颗粒、碳酸钙 D_3 颗粒等。

2.异食癖。异食癖是由代谢功能紊乱、味觉异常和饮食管理不当等引起的一种复杂的多种疾病的综合征。出现异食癖后,孩子可能会将煤渣、墙皮、土块等非食物物品放进嘴巴。家长应及时带孩子就医,找出异食癖的原因并进行针对性治疗。

如果宝宝频繁地将非食物物品放到嘴里,或者尝试吞咽较大或危险的物品,这可能是异常行为。这可能表明宝宝对食物和非食物物品的区分能力不足,或者存在某种感官寻求行为。如果宝宝在把东西放到嘴里的同时出现其他异常症状,如流口水、吞咽困难、呕吐、咳嗽、呼吸困难等,这可能是食物或其他物品引起的过敏反应或不适反应。家长应立即将宝宝送往医院进行检查和治疗。如果宝宝把东西放到嘴里的行为伴随着其他异常行为或发育问题,如注意力不集中、过度活动、情绪冲动、语言发育迟缓等,这可能是某种疾病或发育障碍的表现。家长应及时咨询医生,以获取专业的诊断和治疗建议。总之,家长应密切关注宝宝把东西放到嘴里的行为,并根据宝宝的具体情况判断是否存在异常。如有疑虑或担忧,应及时咨询医生或专业人士的建议。

【处理方法】

家长不要一味地阻止。0~1岁正是弗洛伊德口欲期,这个时期宝宝要通过嘴巴来感知世界,比如味道的感知、软硬的感知、冷热的感知等等,所以当我们阻止宝宝的时候,他只感受到了被制止,他向外探索的动力受阻了就容易变得退缩。对于口欲期或长牙期的孩子,家长应耐心看护,避免孩子将较小的物品塞入口中,防止误咽、误呛或窒息。确保孩子获得足够的营养,避免饥饿感引起的频繁进食行为。家长可通过动画片、家庭教育宣传等方式,教育孩子了解哪些东西可以放入口中,哪些东西不能放入口中。孩子喜欢咬的、具有危险的物品放在孩子够不到的地方,以减少孩子往嘴里塞东西的机会。提供替代物,如牙胶、安抚奶嘴、咬咬乐、磨牙小零食。

第六节　为什么宝宝总是流口水

家长困惑

在宝宝成长过程中,不少宝妈总能发现孩子存在某一阶段口水流的特别多的情况。很多家长总会担心宝宝这样流口水到底正不正常,需要怎么样去护理呢?

一、正常表现

由于宝宝的唾液腺未完全发育,唾液的分泌次数和分泌量都较少。2月龄左右的宝宝唾液腺开始发育,分泌的唾液量逐步增大。但是由于口腔未完全发育,容量较小,无法完全囤积分泌的唾液,这就产生了流口水的现象。这种现象在6月龄之后更为明显,因为这个阶段的宝宝开始食用辅食,口腔唾液腺、味觉及相关神经系统的发育使得唾液腺分泌旺盛,但是此时宝宝还未熟练掌握口水的吞咽方法,导致流口水的症状不断加重。这个时期家长只要借助辅食帮助孩子学习咀嚼和吞咽,就可以明显防止问题的发生。另外,牙齿的生长也与唾液的分泌有关。在乳牙生长期,当乳牙刺激到牙龈时,唾液也会增多,随着乳牙逐渐萌出,口腔体积变大,吞咽功能增强,流口水的现象就会基本消失,一般2岁前停止为正常现象。

二、异常表现

1. 超龄表现。如果孩子超过3岁,此时发育已经结束,还有大量口水,那就不能简单归因为生理现象了,可能是病理现象。

2. 口腔异常。宝宝流口水的同时,伴有烦躁、拒绝进食的情况,应当及时检查宝宝的口腔内是否有疱疹或溃疡,如发现异常应当及时就医。

3. 呼吸道疾病。当宝宝流口水的过程中伴随嗓子发炎、鼻塞、扁桃体肿大等问题就有可能是呼吸道疾病,如果在睡觉的时候更为明显,那么必须及时就医。

4. 牙齿畸形。如果宝宝前牙向前凸出较明显,唇部很难完全覆盖前牙,上下唇常自然分开,就容易流口水,需要及时调整牙形。

【处理方法】

1. 生理性流口水。可以采用佩戴围嘴等方法,帮助孩子吸收吐出的口水,同时记得及时清洁皮肤,保持唇周干燥。

2. 生长型口水。牙齿生长期宝宝可能会出现牙龈肿痛等现象,应当及时用牙胶、磨牙饼干等减少出牙时牙龈的不适,刺激乳牙尽快萌出,减少流口水现象。

3. 病理性流口水。如果是病理性流口水,应当及时就医,对症下药,同时如果唇周由于口水已出疹或皲裂,应当及时给予药物处理,避免伤害进一步扩大。

第七节　如何与宝宝游戏互动

家长困惑

1岁以内的小宝宝,那么小,还不太会与大人互动,有没有必要和小婴儿做游戏呢?该怎么样和小宝宝做游戏呢?

一、正常表现

1岁以内的宝宝与家长进行游戏互动对他们的全面发展具有重要意义。因此,家长应该积极与婴儿进行游戏互动,以促进婴儿的健康成长。① 感官反应灵敏:对于各种声音、光线和触觉刺激,宝宝会展现出明显的反应,如转头寻找声源、注视移动的光源、触摸到不同材质的物品时表情变化等。② 情绪表达丰富:在互动游戏中,宝宝会通过面部表情、声音和肢体动作来表达自己的情绪,如开心时会笑,不满时会哭或发出抗议声。③ 模仿和学习行为:随着月龄的增长,宝宝会开始模仿大人的动作和声音,如拍手、点头、发出简单的音节等。④ 逐渐增强的互动能力:从最初的被动接受到逐渐能够主动参与到游戏中来,如能够主动伸手抓取玩具、能够回应大人的指令等。

二、异常表现

1. 感官反应迟钝。对声音、光线和触觉刺激反应不明显或没有反应。

2. 情绪表达缺乏。在游戏中表情和动作单一,缺乏丰富的情绪表达。

3. 模仿和学习行为缺乏。到了应该模仿和学习的年龄阶段,宝宝仍然无法模仿大人的动作和声音,或者对新的知识和技能学习困难。

4. 社交互动障碍。无法与大人进行正常的眼神交流,对大人的逗引和指令没有反应或反应异常。

【处理方法】

1. 抚触游戏。轻轻抚摸宝宝的身体,特别是手和脚,可以刺激他们的触觉感知。使用不同材质的物品(如棉质、丝绸、毛绒等)进行抚触,帮助宝宝了解不同的触感。

2. 听觉游戏。利用铃铛、沙锤、音乐盒等发出悦耳声音的玩具,刺激宝宝的听觉。家长还可以唱歌、说儿歌给宝宝听,培养他们的音乐感和语言感知能力。

3. 视觉游戏。在宝宝面前放置色彩鲜艳的玩具或图案,吸引他们的注意力。随着宝宝的成长,可以逐渐引入更复杂的视觉刺激,如黑白卡、图案卡等。

4. 空中飞毯。将宝宝放在床单或大毛巾上,家长各拉一头,轻轻晃动,模拟飞毯的效果。这个游戏有助于锻炼宝宝的平衡能力和前庭功能。

5. 手指按摩。在喂奶或换尿布时,轻轻按摩宝宝的手指和手掌,刺激他们的手部神经末梢,有助于精细动作的发展。

6. 抬抬头。家长可以帮助宝宝练习抬头,这有助于锻炼颈部肌肉,扩大视野,促进智力发育。

7. 抓一抓沙土。在干净的沙土或细沙中,让宝宝自由抓握,感受沙土的触感。这个游戏可以锻炼宝宝的手部力量和精细动作能力。

8. 亲子互动游戏。如拍手、点头、捉迷藏等,这些简单的互动游戏可以增强宝宝与家长之间的情感联系,同时也有助于宝宝的社会性发展。

9. 感官小径。在地板上放置不同材质的物品(如毛绒毯、橡胶垫、皮革垫等),形成一个感官小径。引导宝宝沿着这条小径爬行,体验不同材质带来的触感刺激。

10. 宝宝的特制沙锤。在塑料瓶里装上米粒、玉米等物品,封好瓶口,制成一个简易的沙锤。摇动沙锤发出的声音可以吸引宝宝的注意力,并锻炼他们的听觉能力。

这些游戏可以根据宝宝的年龄和兴趣进行选择和调整,确保游戏过程中宝宝的安全和舒适。同时,家长在陪伴宝宝游戏时,要给予足够的关注和鼓励,与宝宝建立深厚的情感。

第八节　为什么宝宝喜欢盯着
自己的手看

家长困惑

宝宝最近总是长时间盯着自己的手看,会专注地凝视,有时还会伴随着一些细微的动作,比如手指的轻微活动等。这种情况出现的频率比较高,在不同的时间和环境下都有发生。这属于正常现象吗? 是什么原因引起的? 作为家长应该怎么办呢?

一、正常表现

宝宝总是喜欢盯着自己的手看,是视觉发育、脑力发育、手眼协调、探索环境、好奇心强的表现。

1. 视觉发育。宝宝在出生后视觉系统发育,这个阶段宝宝会经常观察自己的身体,包括自己的手。这属于正常现象,不用特殊治疗,家长也不用过于担心。

2. 脑力发育。一般宝宝到 2～3 个月时,容易出现看自己手的现象。宝宝喜欢看自己的手是脑力发育的表现,在这之前宝宝没有看自己手的能力,出生后 2～3 个月以后随着脑细胞发育,宝宝就具有看自己手的能力了。

3. 眼睛、手协调的结果。宝宝去看自己的手是眼睛和手协调的表现,说明宝宝的眼、手的协调能力得到发展,所以能够把手伸到自己眼前进行注视。

4. 探索环境。宝宝的手部是外界交互的主要工具,通过看着手,能更好地了解手能做什么,探索环境并与之进行互动。到 3 个月之后宝宝的好奇心开始发育,总是盯着自己的手,比较好奇,开始研究自己的身体器官,比如手的样子、颜色,认识和探索自己的身体以及外界世界。这种情况无需特殊处理,但建议家长给宝宝营造安静的居住环境,保持室内光线适宜,以免对宝宝眼部造成刺激。

5. 好奇心强。由于宝宝对外界的认知不充分,当看到感兴趣的东西时,很容易出现好奇心比较强的情况,进而有喜欢玩手的现象。这属于正常生理现象,不用采取特殊治疗。

二、异常表现

1. 缺钙。婴儿出现缺钙的症状时,会引起大脑皮质兴奋度增加,从而导致宝宝一直看自己的手,部分婴儿还会出现哭闹、睡觉不踏实等症状。此时应遵医嘱服用药物来进行治疗。

2. 湿疹。如果婴儿手部出现明显的丘疹或者丘疱疹,通常是湿疹所致,此时应在医生的指导下使用药物来改善症状。

3. 注意缺陷多动障碍。出现该疾病可能与遗传、大脑发育异常有关,患病后可使宝宝出现活动过多、情绪冲动的情况,也会盯着手一直看。

4. 智力低下。指的是智力明显低于同龄人,宝宝可出现注意力不集中、手脚不协调、盯着手看等症状。

【处理方法】

当1岁以内的宝宝盯着自己的手看时,这是他们好奇心和探索欲的体现。你可以尝试以下互动方法,以促进他们的感官发展和认知能力的提升:

1. 鼓励探索。让婴儿自由地观察自己的手,不要打断他们。你可以坐在婴儿旁边,用温和的语气和他们交流,让他们感到安全和被关注。

2. 触摸游戏。轻轻握住婴儿的手,引导他们触摸不同的物体,如柔软的玩具、毛绒毯子等。这可以帮助他们感知不同材质的物品,并增强他们的触觉体验。

3. 视觉刺激。在婴儿面前展示一些颜色鲜艳、形状简单的玩具或图案,吸引他们的注意力。家长可以移动这些物品,让婴儿追踪它们的移动轨迹,锻炼婴儿的视觉追踪能力。

4. 互动对话。当婴儿盯着自己的手看时,你可以尝试与他们进行简单的对话。你可以说出手的名称、描述手的形状等,帮助婴儿建立语言和感官之间的联系。

5. 音乐游戏。播放一些轻柔、愉悦的音乐,让婴儿在音乐中感受节奏和旋律。你可以轻轻拍打婴儿的手或腿部,让他们感受到音乐的节奏。

在互动过程中,要注意以下几点:

(1)温和引导。婴儿在探索过程中可能会有些兴奋或不安,你要用温和的语气和态度引导他们,让他们感到安全和舒适。

(2)尊重兴趣。尊重婴儿的兴趣和节奏,不要强迫他们进行任何活动。如果他们表现出不感兴趣或疲惫的迹象,就让他们休息。

(3)安全第一。确保所有与婴儿互动的玩具和物品都是安全的,没有尖锐的边缘或危险的部件。同时,保持婴儿在视线范围内,避免他们发生意外。总之,与 1 岁以内的宝宝进行互动时,要关注他们的感官发展和认知能力提升,同时尊重他们的兴趣和节奏,确保他们的安全和舒适。

第九节　为什么宝宝喜欢吸吮手指

家长困惑

宝宝喜欢吃自己的手,除了吃奶和游戏时都喜欢把手放嘴里,被其他事件吸引注意力时就会好些,睡着时也还会吃手,这是什么原因呢?到底要不要对吃手这个问题进行干预呢?作为家长应该怎么做呢?

一、正常表现

宝宝吃手,医学上称之为吸吮手指,指反复或不自主地吸吮拇指、示指或其他手指的行为。正常 0～4 月龄宝宝吸吮唇周触碰到的任何物件,都会引起吸吮反射,吮吸手指的比例高达 90%,这是一种正常的生理现象。吮吸手指多始于 3～4 月龄宝宝,7～8 月龄达高峰,2 岁后逐渐消退。宝宝偶尔的吸吮手指一般不会有什么不良影响,而且这也是婴儿期宝宝的一个正常的行为。这是口欲期的开始,家长不要控制宝宝,吸吮手指可以帮助孩子探索新的世界。这个时候的宝宝也可能会吸吮其他的东西,在没有危险的情况下尽量不要阻止。吸吮有利于宝宝的脑部发育,是最早的开发智力的方法。宝宝吃手和饿区别很明显,主要通过以下几个方面来进行区分:

1. 表情方面。宝宝吃手通常是好奇的体现,只是为了满足心理上的吸吮需求想吃手,所以如果吃手的时候表情非常平静,是很愉快、很享受的一种感觉,就是在正常吃手。

2. 吃手的时间。要是宝宝只是满足口欲期的需求想吃手,会长时间的、很满足的一直在吃手。如果是饿,除了吃手以外,可能会表现为非常的烦躁,而且会出现哭闹,有的还会出现张着嘴到处找吃的表情;吃几下就会拿出来且持续时间短,并且反复如此。

3. 其他方面。可以通过吃奶的时间判断,一般来说,宝宝吃奶会间隔 3～4 小时再吃,如果刚刚吃完奶才 1 小时左右又吃手,通常不是饿的原因,那么可能会有其他疾病因素。

二、异常表现

吸吮手指这个表现一般在 2 岁后逐渐消退,如 4 岁以后吃手还持续存在,那么就称之为行为偏异,一般在孤独、疲倦、沮丧、思睡、饥饿时发生;分离焦虑、疾病时次数增加。反复或不自主地吸吮手指、示指或其他手指,4 岁以后顽固性吸吮手指可导致牙列不齐、影响咀嚼、吞咽或发音。

【处理方法】

宝宝吸吮手指可以通过转移注意力、心理引导以及纠正营养元素缺乏的方式进行缓解。

1. 转移注意力。宝宝从出生到 1 岁半期间都属于口欲期,通常有吸吮手指、咬东西的习惯,是正常的生理性现象。家长需要保持宝宝的手指卫生,并通过玩具、做游戏等方式来转移宝宝的注意力,从而改善宝宝吸吮手指的情况。

2. 心理引导。随着宝宝逐渐成长发育,慢慢能够理解家长的引导,家长就可以对宝宝进行安抚及沟通,从而帮助宝宝改善吸吮手指的习惯。

3. 纠正营养元素缺乏:如果宝宝体内缺乏锌元素,也会出现喜欢吸吮手指等表现。家长需要及时带宝宝进行微量元素检查,并根据检查结果给予药物治疗。

第十节　为什么宝宝喜欢被抚摸

家长困惑

每当自己抚摸宝宝时,宝宝都特别高兴,那么,为什么宝宝喜欢被抚摸呢?

一、正常表现

宝宝在被抚摸时,通常会表现出愉悦和放松的状态。他们会露出满足的微笑,安静地享受这种亲密的接触。这就是宝宝喜欢被抚摸的一种直观表现。正常情况下,宝宝对于适度的、温柔的抚摸是非常接受的,并且会对此产生积极的反应。这种反应不仅体现在他们的表情上,更体现在他们的生理和心理状态上。温柔的抚摸可以降低宝宝的压力水平,有助于他们的睡眠和消化,还能促进他们的生长发育。这种亲密无间的接触,也有助于建立亲子之间的深厚纽带。

二、异常表现

当抚摸出现异常时,宝宝也会给出明显的反馈。如果抚摸过于粗鲁或者强烈,宝宝可能会表现出不适、哭闹甚至拒绝。这就是异常表现的一种,需要家长们特别注意。另外,如果宝宝对于抚摸表现出过度依赖或者抵触,这可能是由于宝宝在某些方面存在不适或者焦虑,也是一种异常的表现,需要家长们的细心观察和耐心引导。

【处理方法】

首先,家长们需要学会正确的抚摸方式。宝宝的皮肤非常娇嫩,因此需要用温柔、细腻的手法进行抚摸。同时,也要注意抚摸的时间和频率,避免在宝宝吃饱或者困倦的时候进行过度的抚摸。除了正确的抚摸方式外,家长们还需要通过观察宝宝的反应来调整自己的行为。如果宝宝表现出愉悦和放松的状态,那么说明你的抚摸方式是正确的。反之,如果宝宝表现出不适或者哭闹,那么就需要及时调整自己的手法和力度。最后,对于宝宝喜欢被抚摸这一行为,家长们应该给予充分地理解和满足。在日常生活中,可以多与宝宝进行亲密的肢体接触,如拥抱、亲吻等,这有助于增进亲子之间的感情,并促进宝宝的健康成长。同时,也要注意观察宝宝的情绪变化,及时发现并处理可能出现的异常情况。总的来说,宝宝喜欢被抚摸的原因是多方面的。这不仅能够满足宝宝对于身体接触和情感交流的需求,还能够促进他们的生长发育和身心健康。因此,家长们需要学会正确的抚摸方式,并给予宝宝足够的关爱和呵护。通过亲密的肢体接触和情感交流,让宝宝在成长的道路上更加健康、快乐。

第十一节 为什么宝宝喜欢
反复扔东西

家长困惑

宝宝为什么总是喜欢丢东西,当宝宝扔东西变成一种习惯,父母应该如何正确地引导?

一、正常表现

宝宝喜欢丢东西,通常是成长过程中的一种正常现象,这反映了他们对外界的好奇心和探索欲望。宝宝通过丢东西来探索物体的运动规律和空间关系。他们会对物品落地后的声音、形状和滚动方式感到好奇,并试图通过反复试验来理解这些现象。随着宝宝运动能力的增强,他们能够更准确地掌握手部动作,并开始尝试各种手部游戏。丢东西是其中一种游戏,可以帮助他们锻炼手眼协调能力和身体控制能力。宝宝可能将扔物品当作游戏,类似玩球和扔球,但可在游戏中不断成长。因此爱扔物品可能是宝宝天性喜欢玩游戏所致,此时家长可以引导宝宝扔球,避免扔掉不该扔的物品;宝宝有时会通过丢东西来表达自己的情感或需求,他们可能会将玩具丢在地上以吸引家长的注意,或者因为不满而故意将东西扔出。宝宝年龄稍大时,已经知道扔物品为错误行为却仍有意为之,说明宝宝可能在宣泄情绪。

二、异常表现

1. 宝宝老是无目的或频繁地丢东西。如果宝宝的丢东西行为没有特定的目的,或者频繁到影响日常生活和周围环境,这可能是异常的。他们可能在不合适的场合或时间,如吃饭时、看书时或睡觉时,也会无意识地丢东西。

2. 伴随攻击性或破坏性行为。如果宝宝的丢东西行为伴随有攻击性,如故意扔东西打人,或者表现为破坏性,如扔东西破坏家具或玩具,这可能是行为问题或情绪问题的表现。

3. 与其他发育问题并存。如果宝宝的丢东西行为与其他发育问题并存,如语言发育迟缓、社交技能差、情绪调节困难等,这可能表明宝宝面临更大的挑战,需要更全面的评估和干预。

4. 不顾及后果。年龄稍大的宝宝(如 3 岁以上)丢东西时不考虑后果,如不考虑是否会伤害到他人或破坏物品,这可能也是异常行为的表现。

【处理方法】

1. 不要强化宝宝扔东西的行为。当宝宝扔东西时,父母不要表现得过分夸张和紧张,这种反应会让宝宝感觉很特别,一旦他想引起他人注意或表现自己时,便会通过这种方式来实现,最终会让他形成乱扔的习惯。

2. 逐渐让宝宝区分"可扔物品"和"不可扔的物品"。对于不可扔物品(比如餐具、手机等),家长应及时制止,并保持严肃态度。

3. 不要马上收拾被扔出去的东西。宝宝把东西扔出去的时候,父母不要马上捡起。这样,宝宝会认为父母是在和他们玩耍,会扔得越来越起劲。最好的办法就是等宝宝不在场的时候再捡回。

4. 情绪的安抚。当宝宝通过扔东西来表达情绪时,这时父母可以给宝宝一个拥抱,先安抚宝宝的情绪,然后转移其注意力。

5. 藏玩具法。在宝宝视线范围内只保留 1～2 种玩具,每隔几天更换一种新玩具,并将其他玩具整理收纳,藏到宝宝看不见的地方,提供的玩具遵循少而精的原则。

6. 家长可以与宝宝一起制定一些简单的规则,如"玩完后要把玩具放回盒子里"或"不能随便扔东西"。确保宝宝理解这些规则,并在日常生活中不断提醒和强化。

7. 为宝宝提供一个整洁、有序的环境,减少宝宝乱丢东西的机会。例如,为宝宝提供专门的玩具箱或收纳盒,鼓励宝宝将玩具分类存放。

对于宝宝来说,改变一种习惯需要时间。家长应该保持冷静和耐心,不断引导宝宝理解并接受正确的行为方式。

第十二节 宝宝"头颈竖立" 有什么意义

家长困惑

出生后的宝宝几个月可以把头颈"竖起来"?"头颈竖立"的意义是什么?不同体位如何对宝宝的头控进行练习呢?

一、正常表现

婴儿的颈后肌发育先于颈前肌,故婴儿最先出现的是俯卧位抬头。新生儿俯卧位时能抬头 1～2 s;2～3 个月时宝宝俯卧可抬头 45°;5～6 个月时宝宝俯卧抬头 90°。3 个月宝宝直立状

新生儿   2～3月龄   5～6月龄

<3月龄   4～5月龄

态时能竖直头部；4个月时宝宝抬头很稳并能自由转动。婴儿的"头颈竖立"是指小婴儿将头和脖子稳定地控制在身体的中线位上的运动能力。这是一个里程碑式的动作行为，是小婴儿开始运动发育的基础，对于正常运动发育的影响举足轻重。宝宝能否逐步顺利地完成翻身、坐、爬和直立行走等一系列正常的运动发育进程，都取决于"头颈竖立"。

二、异常表现

俯卧位抬头困难：俯卧位抬头困难会影响脊柱的抗重力伸展、直立及视觉和认知的发育。中立位竖头困难。仰卧位拉起头后仰：这是婴幼儿最常见的异常姿势，头颈后背（颈过伸）问题得不到解决的话，对完成下一阶段的翻身、坐等动作的发育将会造成阻碍。

【处理方法】

1. 俯卧位对宝宝进行头控练习。新生儿阶段宝宝会出现头低臀高的状态，宝宝处于俯卧位时，要注意保持呼吸通畅，可以让宝宝侧头趴一趴，做一些背部抚触。斜坡、毛巾卷、成人的腿都可以辅助宝宝抬头，注意要将宝宝的肘关节放在肩关节下方，用玩具逗引宝宝抬头。如果宝宝的躯干晃动，用被单裹住宝宝的躯干起到稳定作用。如果宝宝的头总是抬不起来，父母用手轻托住他的下巴，感受宝宝的颈部用力调整力度。如果宝宝的肩部力量不足，头抬得越高，越容易出现缩肩动作。所以在进行练习时，父母要注意吸引物的高度，保证宝宝的躯干处于相对稳定的状态。

2. 仰卧位对宝宝进行头控练习。0～1个月的宝宝，没有太多清醒的时间，也没有出现太多自主动作。头控练习要在父母的辅助下，对宝宝进行头部小幅度摆动。父母可以用手轻轻托住宝宝的头颈部，让宝宝头部处于微微屈曲状态（不是含胸），保证宝宝的躯干相对稳定，然后进行人脸互动。父母的头部在转动时，幅度不要太大，速度放慢。2个月的宝宝，可能会出现一些自主地转头动作,此时可以选择黑白卡片、红球进行追视追听练习。将宝宝的头部轻轻托起,追视的幅度随着宝宝的能力增加逐渐加大,注意要用宝宝感兴趣的声音进行追听练习。对于3个月的宝宝,家长可以在平面上给宝宝进行追视追听练习。练习的形式可以变得更丰富,比如在看卡片时让宝宝摸一摸。除了左右追视,还可以进行上下追视、画圈式追视,锻炼颈部肌肉。

3. 竖立位对宝宝进行头控练习。一般宝宝在3个月以上,可以慢慢建立竖立位的头部控制。先从大角度斜坡开始练起,让宝宝靠在斜坡或趴在斜坡上都可以,但不管在哪个体位,头和身体要保持在一条直线上。宝宝处于竖立位时,父母用手扶着宝宝的躯干,面对面做一些追视转头练习。如果宝宝的躯干不稳定,可以选择坐抱的形式练习。4～5个月的宝宝可能要开始练习坐位,让宝宝尝试坐一坐墙角,左右看一看,增加头部的灵活度。

需注意的是给宝宝锻炼要在吃奶结束1小时后进行,防止宝宝吐奶。不要让宝宝在某个体位下长时间练习,尤其是月龄较小的宝宝。练习几分钟休息一下再练习,循序渐进。

第十三节　如何与"宝宝"对话

家长困惑

宝宝什么时候会有"语言"?和宝宝对话有必要吗?该怎么和他们愉快地对话呢?

一、正常表现

语言(language)为人类特有的高级神经活动,是一种日常交流的符号系统,是儿童学习、社会交往、个性发展中的一个重要能力,与智能关系密切。它能够为儿童表征外部世界和内心意识提供高效的途径,也有助于儿童认识、理解他人心理状态和推测其行为意图。心理理论能力的发展在一定程度上受到语言能力的影响,儿童语言发育是儿童全面发育的标志。

1. 简单发音阶段(0～3 个月)。出生不到 10 天的新生儿就能区别语音和其他声音;12 天的新生儿具有目光凝视或转移、停止吮吸或继续吮吸、停止蹬腿或继续蹬腿等身体行为,对说话声音和敲击物体声音的刺激做出不同的反应;24 天之后的婴儿能够对男人的声音和女人的声音,抚养者(父母)和不熟悉者的声音做出明显不同的反应。婴儿的发音是从反射性发声开始的,哭叫是婴儿第 1 个月的主要发音。在此期间婴儿学会了调节哭叫的音长、音量和音高,能够用不同的哭声表达需要,吸引成人的注意。1～2 个月宝宝在生理需要得到满足之后,对家长的逗笑报以微笑,并出现喁喁作声来吸引抚养者的注意。

2. 连续音节阶段(4～8 个月)。大约从 4 个月起,婴儿发音出现明显的变化,增加了很多重复的、连续的音节。他们能区别男声和女声、熟悉和陌生的声音、愤怒和友好的声音;对父母或其他成人说话时表现情感态度的语调十分注意,能从不同语调的话语中判断出交往对象的态度;父母用愉快的语气与婴儿说话时,语调出现升扬的变化,4 个月婴儿便能用微笑和喁喁做声做出反应。6～8 个月宝宝能感知 3 种不同的语调(愉悦的、冷淡的、恼怒的)同时出现较多的重叠性双音节和多音节现象,开始有近似词的发音,如：ma－ma－mama、ba－ba－baba 逐渐学会使用不同的语调来表达自己的态度,而这种表达往往伴有一定的动作和表情。

3. 学话萌芽阶段(9～12 个月)。婴儿开始模仿一些非语言的声音或成人发出的语音,这标志着婴儿学说话的萌芽。大约从 10 个月开始,婴儿会说出第 1 个有意义的单词,这是婴儿语言发展过程中最为重要的里程碑。1 岁时宝宝发生理解反应的句子超过 10 个;婴儿说得少,说得不清楚、不准确,但"懂得"很多,也能执行简单的指令,并建立相应的动作联系。如妈妈说:"跟妈妈再见!"宝宝就会挥挥小手。

二、异常表现

婴儿 3 个月时很少看母亲的脸;6 个月时听到声音没反应,不会发出笑声、叫声;7 个月抱起时没有主动配合的动作;9 个月时对名字没反应,很少或没有发出声音;12 个月时听不懂任何词汇,不会用动作交流,如挥手、摇头;12 个月时向他要东西不知道给。

【处理方法】

与"宝宝"对话最简单又可行的方式是:跟宝宝谈论此刻正在发生的事,以及充满热情地给孩子介绍周围见到的物品。比如,在给婴儿换尿布的过程中,就可以跟他说:"现在妈妈要给你换尿布啦。"(理解此刻发生的事情,语言跟事件保持一致);"妈妈需要你把小屁屁抬高一点哦……""哇,你配合得很好呢!"(反馈孩子的配合,让他感受到语言中对他的肯定,建立孩子的安全感);"这个尿布有点重,宝宝的小屁屁湿湿的,有点不舒服是不是?"(猜测此刻的感受,描述当下的情景,积累词汇),包括出门见到美丽的花朵,给予孩子观察的机会,并热情介绍花朵的颜色、形状、数量等等,都能为孩子的艺术审美、颜色认知、数量意识打下基础。小月龄的宝宝可以看看黑白卡片、彩色卡片,大一点的宝宝还可以看一些带有图形的卡片,或是陪宝宝读各种适龄绘本。有些低龄绘本里面的内容很少,甚至有些里面没有文字描述,这种的就需要家长自己理解并延伸讲给宝宝听,引导宝宝去想象,去思考;还有些翻翻书、立体书、洞洞书之类的绘本,也可以直接让宝宝自己去体验,带着宝宝认识家人、周围的事物、陪宝宝玩,就要通过清楚的话语,告诉宝宝正在做的事情,或

是事物的名称、有什么作用等,刺激宝宝语言和大脑发育。到了
1 岁左右,宝宝的语言理解能力会提高不少,会通过表情、动作
等回应爸爸妈妈说的话,这时爸爸妈妈也要用清楚的语言、动作
来及时回应宝宝。

第二章

幼儿期(1～3岁)心理困扰

第一节　宝宝为什么挑食、偏食,孩子挑食、偏食家长该怎么做

家长困惑

孩子这也不吃,那也不吃,身体瘦得像豆芽菜似的,营养不良影响智力发育怎么办?

一、正常表现

婴幼儿生长发育所需要的营养素包括蛋白质、脂肪、碳水化合物、维生素、无机盐和水等。孩子应规律进食,饮食种类宜丰富,以保证摄入均衡。一般应给孩子每天安排早、中、晚三次正餐,定时、定点、定量用餐,两正餐之间间隔 4～5 小时。可以在正餐之间适当加餐,加餐分量不宜过多,以免影响正餐的进食量。吃饭时要专心,要细嚼慢咽,有助于消化,但也不能过分拖延时间,最好能在 30 分钟内吃完。

二、异常表现

幼儿偏食或挑食主要表现为幼儿对自己喜欢的食物毫无节制,专挑自己喜欢的东西吃,而对自己不喜欢的食物则一概地拒绝。有的孩子饮食种类单一,只吃有限的几种食物,或对食物不感兴趣,不愿意尝试新的食物。有的孩子还会拒绝某一大类食物,比如,有的孩子一点蔬菜不吃,而有的孩子任何荤菜不吃。有的孩子进食时吃得少,进食时间过长,也是偏食的一种习惯。

时间一长,幼儿会出现体重不增、身体消瘦、皮下脂肪减少、面色苍白、生长缓慢等状况,严重者还会诱发低血糖、免疫力下降、骨骼发育迟缓、体格发育障碍等。

【处理方法】

1. 寻找偏食原因。假如幼儿较长时间偏食、挑食,不想吃东西,首先要到医院让医生检查一下孩子身体是否有病,会不会是缺铁、缺锌,或者是胃肠道消化功能的问题。假如是身体的原因,如缺乏微量元素,应该补充微量元素,如脾胃虚弱,可吃一些开胃健脾的药。调理好身体以后要带幼儿参加户外活动,增加活动量,还要注意少吃零食,以保证幼儿保持旺盛的食欲。针对部分挑食、偏食严重的孩子,家长可以咨询医生或营养师,制定个体化的饮食方案,以满足身体所需营养素,逐渐纠正孩子挑食、偏食习惯。

2. 家长以身作则。要纠正幼儿挑食、偏食的习惯家长首先要以身作则,不能偏食,对幼儿不喜欢吃的食物,家长要带头品尝食用,并且要表现出津津有味的样子来引导幼儿进食。不在餐桌上品评食物的优劣与好恶,避免给孩子带来暗示,造成孩子挑食、偏食。父母要创造良好的进餐氛围,不在餐桌上争吵议事,也不能在餐桌上训斥幼儿,要保证良好的心情和安静的环境来进餐。

3. 注重饭菜的花样和形态新颖,保证色香味俱全,增加幼儿食欲。家长要注意颜色搭配和形状的多样化,变换多样为幼儿提供可口的饭菜,每天的食物要尽量多样化,谷类、肉类、豆类等粗细粮搭配,鸡蛋、鱼类、蔬菜应合理搭配,营养全面丰富,并且注意烹调的方法。在幼儿喜欢吃的食物中夹杂着不喜欢吃的食物,将某种不喜欢吃的食物在色、香、味方面加以调整或者设法改变这种食物的形态后再食用。

4. 养成幼儿良好进餐习惯。家长要培养幼儿独立进餐的能力和良好的进餐礼仪,要定时定点地进餐,给幼儿盛饭要保证少量多次。要保持进餐环境的安静和进餐氛围的祥和,进餐时不能看电视、看书和玩玩具等,不能说笑和打闹,保证进餐安全。

5. 注重餐前饮食教育。加强幼儿对蔬菜的认识,让孩子了解各种食物的营养价值及作用和功能,餐前利用生动形象的幻灯片、绘本故事、儿歌、情境表演等对幼儿进行健康饮食教育,向幼儿介绍蔬菜制作成以后饭菜的颜色、形状及营养价值等,让幼儿了解偏食、挑食的不良饮食习惯对身体健康的危害,都是矫正幼儿偏食、挑食的有效途径。

第二节　面对宝宝的攻击行为,家长该怎么做

家长困惑

孩子喜欢抢小朋友的玩具,抢不过还会把小朋友推倒在地,自己的玩具又不愿和别人分享,面对这样的孩子该怎么样引导呀?

一、正常表现

幼儿期是个体的社会性萌芽时期,幼儿处于早期的社会阶段,开始喜欢参与同伴和团体的游戏活动。幼儿的交往能力只有在良好的环境及更多的交往实践中才能得到锻炼,因此,幼儿间的合作交往能够促进幼儿的社会化发展。正如一位美国儿童学专家所指出的:“一个人与同事、家人及熟悉的人们如何相处,往往取决于他童年是如何与其他小朋友相处的,”因此,幼儿的交往问题越来越引起家长们的重视,在幼儿时期能否培养起初步的交往意识,对其今后参与社会、参与生活有着直接的影响。幼儿间正常的交往主要表现为乐于与人交往、互助、合作,愿意与小朋友分享玩具,参与游戏活动时与小朋友互动融洽等。

二、异常表现

幼儿期是以自我为中心的生长发育阶段,幼儿因缺乏社会交往经验,不会站在他人的角度考虑问题,所以幼儿期更容易产生攻击行为。幼儿的攻击行为主要表现为身体的侵犯、言语的攻击以及对他人权利的侵犯。美国心理学家哈特普把攻击行为分为工具性攻击和敌意性攻击。工具性攻击是指儿童为了获得某个物品做出的抢夺、推搡等动作;敌意性攻击是以人为指向的,其根本目的是打击伤害他人。随着年龄的增长,攻击行为由工具性向敌意性转化,幼儿时期常见的攻击行为常常表现为打人,说脏话,以及用表情手势或者是其他的行为引起别人的气愤,另外还有一些不太明显的攻击行为如自己生闷气,有意伤害自己的身体,告诉别人不要和某人玩儿等等,这都是宝宝的攻击行为。

【处理方法】

1. 故事引导法。故事引导法就是通过讲故事、情景表演等形式,给孩子呈现一个有攻击行为的儿童形象,以及讲解这一儿童的表现及其危害,使其意识到这样的儿童是不受人欢迎的,更为重要的是一定要进一步与其共同设想受人欢迎的儿童形象,增强孩子向榜样学习的愿望,从而减少攻击行为。

2. 角色扮演法。幼儿一般不能对自己的行为进行反省,为此我们可以通过角色扮演,让孩子认识到他人对其攻击行为的不满,从而使其对自己的攻击行为产生否定情绪。

3. 循序渐进法。先从减少孩子的攻击行为的次数开始,当次数减少或者有好的表现,要及时地奖励。如果有善意的表现,要及时表扬和鼓励,甚至要夸大他的友善表现。

4. 暂时隔离法。暂时隔离法是指当儿童出现某种问题行为时家长立即命令他停止一切活动,对幼儿进行短时的隔离惩罚,使孩子的这一行为得到减弱。用隔离法矫正儿童的攻击行为可起到立即阻止不良行为的作用,并可帮助儿童学会自我控制和自我约束,是矫正儿童攻击行为的有效方法之一。

5. 批评教育法。批评教育法是利用语言对儿童的不良行为表示不赞成或者进行责备,以防止或者消除不良行为的出现。

6. 行为处罚法。当孩子出现某一不良行为时立即收回或者是取消他可能得到的奖励,使孩子认识到他的不良行为是要付出代价的,促使孩子减少不良行为,这就是行为处罚法,行为处罚法对于矫正儿童的攻击行为有很好的效果。

7. 自我控制法。儿童的攻击行为往往与孩子缺乏自我管理、自我控制能力有关,当孩子情绪冲动时常常会做出一些伤人或者伤己的事情。因此,在矫正儿童的攻击行为时必须对儿童进行自我调节和控制能力的训练。

8. 行为替代法。替代法是指在儿童表现出正常行为或者好的行为来代替不良行为,及时奖励,以建立起好的行为。替代法是减弱儿童攻击行为,帮助儿童迅速建立良好行为的有效方法,因此在生活中要注意观察,对孩子的好行为要及时给予表扬。

第三节　宝宝的语言爆发期,父母怎么正确引导孩子说话

家长困惑

宝宝发音不准确,或者老是发出一些家长听不懂的语言或不通顺的语句,或是自言自语,需要及时进行纠正吗?

一、正常表现

幼儿语言的形成和发展包括对他人语言信息的接收和理解,也包括自己发出语言信息的过程,即听和说。1~3岁是幼儿语言形成期,幼儿语言的形成遵循"先听后说"的原则,以模仿

为主。从 1 岁半开始,幼儿对语言的理解程度较之前有进一步加深,能够逐渐从单词句、双词句向完整句过渡。

二、异常表现

由于发音器官不成熟,孩子发音不准确,如把"老师"说成"老希",把"小狗"说成"小斗"。另外,由于词汇掌握有限,孩子在表达自己的需求时常常词不达意。随着年龄的增长,孩子词汇量逐渐增多,但还是会出现发音不准或语句不通顺的问题,有时自说自话,有时叽里咕噜发出各种家长听不懂的语音。有些孩子在表达自己的需求时,越是急于表达越是容易出现口吃,这些都是很常见的现象。家长耐心引导是可以纠正过来的。

【处理方法】

1. 耐心倾听,提供良好表达环境。孩子学习语言,最需要的就是家长的鼓励和倾听。孩子刚开始学说话时,会出现吞吞吐吐、词不达意的现象。这时候一些急性子的家长总是忍不住打断孩子的话,或是猜中孩子的想法,替他说完剩下的话;或是一心二用,对孩子的话敷衍了事;更有甚者,直接不耐烦地让孩子闭嘴。家长应保持平和的心态来对待正在学说话的孩子,宁愿多耗费一点时间,也要听宝宝说完,并鼓励他们多多表达。鼓励是为了激发孩子表达的兴趣,倾听是为了方便家长了解孩子的语言不足处,及时加强有关训练。可以先从简约的象声词慢慢让孩子学精发音。发音掌握熟练后,再让孩子学精表达较难的字词,接着从字、词、句子、会话式表达慢慢锻炼孩子的语言能力。

2. 多跟孩子玩游戏。孩子经常自说自话的时候,家人可以选择与孩子多多地玩游戏。孩子可以集中精神玩游戏,而不是一个人自言自语,这样对孩子性格的培养大有好处,并且还可以锻炼孩子的大脑。

3. 与孩子一起阅读。幼儿期的孩子对图片的掌握要高过文字,可以选择能够辅助孩子发音相关的插画图片,页面与词句息息相关,孩子可以很容易学习并精准表达词句意思;词句的叙述也可以选用短故事来表达,以提高孩子学说话的个人爱好,同时短故事对于孩子的认知能力、注意力、记忆能力、思维逻辑、想象力及人性化品质的养成,都具有重要的作用。互动型图片对孩子的视觉识别系统成长发育也有很大的好处。

4. 如果宝宝持续发音不准确,可能存在舌系带过短或发音器官功能障碍等问题,需要带孩子到医院排查原因并及时处理。① 舌系带过短:舌系带过短时宝宝的舌头不能伸出口腔外或不能完全上翘,使宝宝在发上翘音如"奶奶"时受到限制,舌体不能上翘,而不能正确发音。经给予舌系带切断术后,给予语言训练可以得到恢复。② 发音器官功能障碍:发音需要喉部、舌体、软硬腭、颊部、唇、齿等的共同参与,如果有一个或几个部位出现痉挛或肌力低下时,会出现发音不准,如当舌体肌力低下时不能后抬,如果不能正确发音,需要到医院进行口肌测评,给予必要的口肌训练。

5. 如果宝宝存在发出的语句不连贯或无逻辑性,或持续发出含混不清的语言或对声音刺激无反应,需到医院及时排查是否存在听力障碍、孤独症等相关疾病。

第四节　如何正确引导宝宝认识性别差异

家长困惑

很多家长发现,带 3 岁的孩子去超市买东西,男孩大多会选择汽车、手枪、足球一类的玩具,而女孩会选择布娃娃、漂亮衣服等。3 岁的孩子还会提出一些与"性别"相关的问题,比如男孩会问:"我为什么会有'小鸡鸡'啊?"女孩也会发现自己的生殖器和男孩不一样,从而产生同样的困惑。

该怎么样对宝宝做正确的早期性别教育,是很多父母在生活中的困惑。

一、正常表现

儿童性别初步产生的时期是 2～3 岁,一般可以认识男、女,包括对自己性别的认识和对他人性别的认识,还可表现出自尊心、同情心、害羞等。儿童的性别意识是在生物学基础上,通过后天学习建立起来的。2 岁左右是幼儿性别行为初步产生时期,具体体现在儿童的活动兴趣、选择同伴及社会性发展三方面。例如 14～22 个月幼儿,通常男孩在所有玩具中更喜欢卡车和小汽车,而女孩更喜欢娃娃或者柔软的玩具。儿童对同性别玩伴的偏好也表现得很早,通常 2 岁的女孩更喜欢与其他女孩玩,而不喜欢跟吵吵闹闹的男孩玩。2 岁时女孩对于父母和其他成人的要求表现出更多的遵从,而男孩对父母的要求的反应更趋于多样化。心理学家研究发现,孩子在 18 个月时就开始有了男女有别的感受,到了 2 岁时,他们能准确说出自己是男孩还是女孩,到了 3 岁,孩子就有了真正的性别意识。幼儿时期父母教养方式对儿童性别角色社会化发展的影响很大。幼儿期是儿童性别角色形成的关键时期,儿童这一时期所获得的有关性别角色的信息、观念等都会影响日后的性别行为。因此,家长必须在儿童 3 岁前进行性别确认教育,引导儿童从幼年起正确地进行自身性别确认,使性别和性别角色保持一致。

二、异常表现

有的孩子在这一阶段表现出与发展规律不相同的现象,比如男孩喜欢穿女孩的衣服,喜欢和女孩扎堆,或者女孩的言行像个男孩子,那父母就要及时给予正确引导。若孩子出现性别认同障碍,那要带孩子及时前往医院就诊,检查孩子性器官的发育情况是否正常,染色体有无畸变。有研究者发现,同性恋者的同性恋倾向大多与其幼儿阶段的经历有关。所以孩子的性别教育对正确培养其性别意识至关重要。

【处理方法】

1. 培养性别区分感。在早期,孩子们对周围的男性和女性是密切关注的,他们通过观察来建立自己的期望。但是孩子们会选择性地吸收大人们的习惯。当孩子有了性别意识时,会更多地效仿父母与自己同性别的那一位。如果你的孩子是男孩,爸爸就要多付出一些陪伴,与女孩相比,培养男孩子的性别意识要更早更用心,让孩子在爸爸身上学习如何做一个真正的男人。如果你的孩子是女孩,妈妈就要多与其相处,让女孩多模仿妈妈的样子。孩子会在与父母的不断接触当中,逐渐熟悉男女对应的行为习惯和行为方式,帮助孩子建立正确的性别认识。要提醒家长的是,在这个阶段,父母要注意自己的行为习惯,以防止给孩子传达出错误的信息。

2. 培养性别喜好。性别教育最好能做到融入生活,比如,让女孩多穿裙子,男孩多穿裤子;男孩多做挑战性运动,女孩多做体操;男孩多玩一些汽车、机器人等玩具,女孩多玩一些洋娃娃。这个阶段家长不要过分干预孩子的选择,让孩子自主建立性别意识。

3. 提醒宝宝要有自我保护意识。让孩子多和自己性别一致的人接触,当孩子表现出一些性方面的心理需求,比如需要被"触摸"时,父母适当的拥抱、亲吻都会让孩子有更多的安全感,父母可以多拥抱男孩,多亲吻女孩。父母要引导孩子和异性正常的交往。父母从小就要清楚地告诉孩子,身上的哪些部位不可以让别人触碰。如果有人摸过自己的身体,一定要告诉爸爸妈妈。要教会孩子学会认知不安全环境,增强自我保护意识。

4. 合理回答宝宝的问题。当给孩子洗澡时,爸爸最好和儿子在一起洗,妈妈则和女儿在一起洗,这是为了让孩子从小就知道,男孩和爸爸的身体长得一样,女孩和妈妈的身体长得一样,这也是孩子最早了解人体和性别的启蒙教育。孩子在成长过程中如果对性别相关的问题产生兴趣,家长要及时抓住这种信号,给予孩子正确的性知识,帮助孩子正确认识自己的身体,了解哪些部位是隐私的,同时也要告诉孩子要尊重别人的隐私部位。父母要正视孩子为独立人格的个体,千万不要敷衍和糊弄他,要以实事求是的态度,用轻松的语言给孩子解释。父母跟孩子交流时要注意方法和措辞,尽量做到语言温和,言简意赅,尽量少用专业术语,用孩子能听懂的语言来解释。在回答孩子问题的时候不要过于严肃,你的平静、温和的态度是对孩子最大的帮助。

总之,父母要客观地面对孩子对性的困惑以及相关问题,学会见招拆招,有策略地化解孩子内心的困惑。

第五节　如何正确引导宝宝度过 "乱来"的特殊时期

家长困惑

1～3岁这个时期,大多数孩子会产生自我意识的萌芽,他们身上可能会悄然发生这些变化:最爱说"不""我自己来",对家中摆放的各种物品产生兴趣,喜欢把物品拿起来并扔掉,大人越是把东西一样样收拾好放回原处,他越是扔得起劲;变得爱发脾气,动不动就摇头、甩手、大声叫;开始喜欢自己用手抓饭吃。这样"乱来"的幼儿常常让家长头疼不已。

一、正常表现

1岁以后的宝宝随着知觉的发育,开始有空间和时间知觉的萌芽,能完成简单的动作,如拾起地上的物品,能表达喜、怒、怕、懂。处于幼儿时期的儿童已经能独立行走,说出自己的需要,自我控制大小便,故有一定自主感,但又未脱离对亲人的依赖,常出现违拗言行与依赖行为相交替现象。2～3岁是孩子学习力、创造力和想象力突飞猛进的黄金阶段,因此,父母对孩子应该更多地进行感知训练和良好的行为引导,这样才有利于孩子今后人格、品性的全面发展。

二、异常表现

1～3岁的孩子正处于热衷"帮忙"的时期。他们敢于尝试,愿意参与,渴望帮助他人并得到肯定,但由于缺乏经验,这些行为往往会成为"捣乱""帮倒忙",所以生活中经常会看到,爸爸在修理家具,宝宝也跟着一起忙活;妈妈剥豆子,宝宝觉得有趣,也要参与。这种时候,孩子的主动帮忙,常常搞得家里一团乱,爸爸妈妈很是抓狂。其实,如果父母静下心来仔细想想就会发现,孩子并非与大人作对,而是试图通过这些行为建立自己的独立性。

【处理方法】

1～3岁的孩子好奇心强、精力旺盛,他们会比以往更加积极、主动地尝试独立完成某些事,但父母总担心孩子做不好,常对孩子说:"别把衣服弄湿了!""别把房间弄乱了!""别把地上弄脏了!"等,并且又怕孩子伤到自己,于是这也不让动,那也不让摸,这样就从根本上剥夺了孩子独立锻炼的机会。其实,父母只要在孩子要独立完成某些事情的时候,提供一些适当的帮助,给予积极的正面鼓励,并对孩子进行一些纪律约束,可以慢慢改变孩子"乱来"的行为,逐步培养孩子良好的生活习惯。

1. 给孩子充分的时间。孩子在独立完成某些事情时家长要给予足够的时间及耐心,比如早晨孩子想要自己整理床铺,但父母又担心孩子整理的床铺乱糟糟的,还耽误时间,那父母就可以让孩子晚上早点睡觉,并且和孩子商量,如果要自己整理床铺,早上就要比原来早起床 10 分钟,这样孩子就有充裕的时间来学习如何整理床铺。同时,父母也要耐心地教会孩子如何正确地整理床铺。

2. 提供合适孩子的工具。如果孩子要参与做家务,父母就要提供给孩子合适的工具,比如孩子想要扫地,可以给孩子购买一些小的清扫工具,孩子想要浇花,可以买小的喷洒壶,这样让孩子用起来更顺手,但同时要对孩子进行一些安全教育。

3. 给孩子合适的场所。父母总担心孩子在做家务的时候把家里弄乱,那就在孩子想做家务时,给孩子提供一个合适的场所,给孩子划分一块地方作为他的"自留地",然后约定"互不干扰,各负其责",这样,孩子就会在他的小天地里自由发挥,既不打扰大人做事,又可以从实践中锻炼能力,获得认知。

4. 坚持共同用餐。与父母同桌吃饭,是引导孩子与大人相处的极佳方法之一。许多家庭父母认为孩子吃饭弄得很狼藉,干脆单独喂饭,这样其实会引起孩子的反感,因为宝宝会觉得谁都不吃饭,为什么偏要自己吃。等到大人吃饭时宝宝会觉得"你们吃好的,却不给我",就会过来抢筷子。一同上桌子就不会产生这些矛盾。大家在一起吃饭,父母尝试教给宝宝一些用餐的规矩,宝宝会逐渐学会这些规矩。2岁前后不但会用勺子吃饭,还会学习用筷子吃饭。

5. 养成良好的睡眠习惯。每天晚上宝宝睡眠的时间要固定,有条件的话可以让宝宝睡自己的小床。睡觉前,父母要让房间安静下来,然后与宝宝做一些有助睡眠的互动,比如给孩子讲故事,唱儿歌,让宝宝能盼望着睡觉,平静地入睡。

6. 培养起床后的良好习惯。宝宝除了要睡眠好,每天心情愉悦地起床也很重要。每天起床后要培养宝宝自己穿衣服、刷牙、洗脸、梳头,然后吃饭。教宝宝穿衣服时,要教会宝宝看衣服的花纹、纽扣等来判断衣服的前后,教会宝宝自己系扣子或者自己拉拉链。每天晚上睡觉前要把脱下的衣服按顺序放好,这样第二天早上就不用费力地到处找衣服。教会宝宝正确地洗脸刷牙,让宝宝对每天早晨应做的事情建立某种特定的顺序,从小养成良好的生活习惯。

7. 发现宝宝的不良习惯,父母要坚决制止。当宝宝乱扔垃圾,随地大小便,看到喜欢的玩具一定要买,第一次抢小朋友玩具,或者第一次推打小朋友的时候,父母不要以为这是孩子偶尔为之,不放在心上,否则,当这些行为成为习惯后,父母再来纠正孩子就很难了。2岁半以后的孩子,就有一定的规则意识了,这个时候孩子对规则的违反并非故意,而是不知道,所以,此时孩子如果做了出格的事情,父母就要坚定地制止,并给予正确引导。

2～3岁的孩子是个矛盾综合体,既独立又依赖,既可爱又可恶,既成熟又幼稚,他可能说话不太利索,但父母的语言、行为他都懂,所以父母坚定的态度非常重要。在孩子无理取闹的时候,要先制止孩子的行为,同时也要安抚孩子的情绪,和孩子讲道理。千万别小看孩子的理解能力,用孩子听得懂的语言与他交流,正向的沟通或许会有意想不到的效果。当孩子养成了良好的习惯,了解了生活中的秩序,就不会"乱来"了。

第六节　家有好奇宝宝怎么办

家长困惑

宝宝对身边的一切事物都充满了好奇,什么都要东摸摸,西看看,还喋喋不休地追问"为什么",面对这样的宝宝,父母常常很抓狂,甚至失去耐心,那么,应该如何正确对待孩子的好奇心呢?

一、正常表现

幼儿期是宝宝好奇心最强烈的时期,也称为敏感期,父母如果抓住这个机会对宝宝的好奇心加以引导,将对孩子大脑的开发、习惯的培养、性格的形成起到非常重要的作用。幼儿的好奇心是一种自发的求知欲望,驱使他们主动去发现、认识和探索世界。他们对新鲜事物充满了兴趣,会用各种方式主动去触摸、尝试和观察。好奇心能够激发幼儿积极主动地参与学习,提高他们对于知识和经验的渴望,同时也培养他们的观察力、思维力和创造力。幼儿时期的好奇心主要表现为:

1. 观察行为。宝宝常常会观察周围的环境和事物,特别是那些新奇、陌生或有趣的东西。他们会盯着看,试图了解这些事物的外观、质地、气味或声音等方面的特征。

2. 探索行为。宝宝会用手指或嘴巴去探索周围的事物,摸摸看看或者舔一舔。他们也会尝试把东西拆开,看看里面是什么,这种行为表明他们对事物的内部构造和组成也感到好奇。

3. 跟随行为。当宝宝看到别人在做什么时,他们可能会模仿或者跟随这个人的行为。这种行为表明他们对别人的行动和行为感到好奇,也许是想了解别人的行为目的或者是想学习新的技能。

4. 提问行为。宝宝可能会不断地问问题,如关于各种事物的工作原理、用途、名称等。这种行为表明他们对问题产生了好奇心,想要获取更多的信息来满足他们的好奇心。

5. 解决问题行为。宝宝可能会试图解决问题或完成某些任务,例如打开一个包装、找到丢失的玩具或解决一个小矛盾等。这种行为表明他们对问题解决过程感到好奇,希望通过自己的努力来获得结果。

二、异常表现

1. 过度提问。幼儿好奇心旺盛的一个显著特点就是他们会不停地提问。然而,如果幼儿提出的问题数量过多,或者问题的内容过于深奥、复杂,超出了他们的年龄和理解范围,那么这可能就是一种好奇心异常的表现。他们可能对某些特定的主题或事物产生过度的兴趣，不断追问，甚至影响到日常生活和学习。

2. 对危险事物缺乏警惕。幼儿的好奇心往往驱使他们去接触和尝试新事物。然而，如果一个幼儿对危险事物缺乏警惕，比如不顾一切地去摸热炉子、锋利的刀具等，这可能就是好奇心异常的一种表现。

3. 专注力分散。好奇心强的幼儿往往对周围的事物都充满兴趣，但这也可能导致他们的专注力分散。如果一个幼儿无法集中精力进行某项活动或学习，总是被其他事物吸引，这可能是好奇心异常影响专注力的表现。

4. 强迫性探索行为。在某些情况下，幼儿的好奇心可能表现为一种强迫性的探索行为。他们可能会对某些事物产生过度的兴趣，反复进行相同的探索活动，甚至在某些时候显得过于执着。

5. 情绪波动大。好奇心异常的幼儿可能会因为无法满足好奇心或探索欲望而产生情绪波动。他们可能会表现出焦虑、烦躁、易怒等情绪问题，影响到与他人的相处和社交。

【处理方法】

1. 给幼儿提供丰富的学习资源。提供丰富多样的学习环境，包括书籍、玩具、自然材料等，这样可以激发幼儿的好奇心，让他们主动去探索和学习。也可以带幼儿参观博物馆、动物园、植物园等地，也可以选择在学校附近的公园或街道上进行考察，鼓励幼儿观察、思考和提问。同时，家长还可以引导幼儿进行记录和整理，例如绘画、采集样本等，以帮助幼儿更深入地认识和理解所考察的内容。

2. 给予自由的探索空间。让幼儿有足够的自由空间去探索和发现。家长应该给予他们一定程度的自主权，让他们在实践中学习和成长。可以提供一些探索性的玩具和材料，例如积木、泥土、水等，在探索的过程中，家长还要鼓励幼儿进行观察、实验和思考,引导幼儿进行总结和分享,帮助他们将探索结果转化为知识和经验。

3. 鼓励提问和思考。鼓励幼儿提出问题,并引导他们去思考和寻找答案。家长可以与幼儿一起讨论问题,给予他们正确的引导和启示。在他们犯错误时,要保持耐心,给予正确的指导和支持。通过积极地肯定,幼儿会更加自信和勇于尝试新的知识。

4. 创设互动的学习环境。为幼儿创设一个互动的学习环境,鼓励他们与他人分享自己的发现和思考。与其他人的互动可以帮助幼儿更好地理解和应用所学知识。也可以通过讲故事和角色扮演的方式,将幼儿引入故事情节中,体验并理解其中的知识和道理。趣味游戏也是一种能够激发幼儿好奇心的活动。通过游戏的形式,幼儿可以在玩耍中学习和发现,在游戏的过程中,家长可以设立一些有趣的障碍和挑战,鼓励幼儿积极思考和尝试解决问题。同时,家长还可以提供一些提示和帮助,引导幼儿展开思维,培养他们的观察力和分析能力。

5. 保持积极的情绪态度。在幼儿提问和探索时,家长和教育者应保持积极的情绪态度,给予他们鼓励和赞赏,这样可以增强幼儿的学习动力和好奇心。

第七节 如何正确应对宝宝人生中的第一个叛逆期

家长困惑

孩子爱说"不",家长犯了难。相信大多数初为人父母的都尝试过越是强硬改变孩子的想法,让孩子跟着自己的意愿走,往往孩子反抗得越厉害。这是为什么呢?

一、正常表现

1. 孩子到了 1 岁以后，接触到外界的信息越来越多，自我意识的形成也越来越强烈。心理学家发现，幼儿是儿童人生发展的第一个叛逆期，从幼儿开始产生自我意识，有了自己的主意，他们会反抗父母的控制，从而达到自我意志实现的目的，这是发育中正常的现象。

2. 当孩子开始和你说"不"的时候，证明他们开始建立自己的思维了，这是成长路上的里程碑，是值得庆祝的事情。家长先不要着急发火，不妨慢下来，想一想，为什么孩子会拒绝你，只有清楚的了解这背后的原因，才能对孩子进行正确的引导。

3. 以下是一些 1～3 岁儿童叛逆的正常表现：

（1）拒绝服从指令。孩子可能会频繁地拒绝听从父母的指令，例如不愿意按时吃饭、睡觉，或者不愿意穿父母指定的衣服。他们可能会固执地坚持自己的意愿，甚至与父母发生争执。

（2）情绪波动。在叛逆期，孩子的情绪可能会变得相对不稳定。他们可能会因为小事而大哭大闹，或者突然变得非常固执和任性。这种情绪波动可能是由于他们正在学习如何处理自己的情感和需求。

（3）挑战规则。孩子可能会开始挑战家庭和社会的规则，试图测试自己的权力和界限。他们可能会故意做一些不被允许的事情，例如乱扔玩具、涂鸦墙壁等，以观察父母的反应。

（4）固执己见。在这个阶段，孩子可能会变得非常固执，坚持自己的意见和选择。他们可能会反复要求做同样的事情，或者拒绝尝试新事物。

（5）社交冲突。在与同龄孩子或兄弟姐妹的交往中，孩子可能会表现出攻击性、霸道或不合群的行为。他们可能不愿意分享玩具或食物，或者容易因为小事而与其他孩子发生冲突。

这些叛逆行为都是孩子成长过程中的正常表现，家长不必过于担心。然而，这并不意味着家长应该放任孩子的叛逆行为。

相反,家长应该采取适当的方法来引导孩子,帮助他们建立正确的价值观和行为习惯。

二、异常表现

1. 孩子可能表现出过度的攻击性或暴力行为。这包括频繁地打人、咬人、扔东西等,且这种行为并非出于自我保护或探索的目的,而是无理由或情绪化的发泄。

2. 孩子可能长时间情绪低落或表现出过度的焦虑和恐惧。他们可能常常哭泣、烦躁不安,对日常活动失去兴趣,甚至对之前喜欢的玩具或活动也表现出抵触情绪。

3. 孩子可能出现过度依赖或拒绝接受任何变化的情况。他们可能极度依赖某个特定的物品或人,一旦离开就会表现出极度的焦虑和不安。或者,他们可能坚决拒绝尝试新的事物或接受任何形式的改变,即使这些变化对他们是有益的。

4. 孩子在这个阶段可能表现出明显的睡眠障碍或食欲改变。他们可能难以入睡或频繁夜醒,或者对食物的兴趣发生明显变化,如过度挑食或厌食。

这些异常表现可能表明孩子在情感、行为或生理等方面遇到了问题,需要家长及时关注和干预。如果孩子的叛逆行为超出了正常的范围,且持续存在或影响到他们的日常生活,建议寻求专业儿童心理医生的帮助。

请注意,每个孩子都是独特的,他们的行为和情绪表达方式也会有所不同。因此,在判断孩子的叛逆行为是否异常时,需要综合考虑孩子的整体情况,包括他们的年龄、性格、生活环境等因素。同时,家长也需要保持耐心和理解,给予孩子足够的支持和引导,帮助他们健康成长。

【处理方法】

1. 不要一味压制,适当满足孩子合理要求。当孩子提出合理的要求时,父母要尊重孩子,理解孩子产生自主需求的原因。例如,他要求要自己按电梯时,家长可以引导他按哪个键,然后放手让孩子去做,当他意识到自己还没有能力做这件事时会向父母寻求帮助。父母要给予孩子耐心,当孩子提出需求时不要急于压制,先想想为什么孩子会有这样的需求,需求合理时可以先满足他,放手让孩子自己做或者和孩子一起完成。这样他们会更有自信,他们能感受到自己可以根据自己的意识对周围事物进行支配,这样他们会比以往更积极,也更愿意去主动尝试新的事物,而不要父母的帮助。但是,在这过程中往往有的父母出于"溺爱"心理,怕孩子受伤,怕孩子做不好,这也不让做,那也不让做,要么就直接自己做了,不让孩子完成,这就是"好心办坏事",剥夺了孩子独立锻炼的机会。

2. 选择适合孩子的家务类型,适当寻求孩子"帮助"。这个时期的孩子正处于爱"帮忙"的时期,他们敢于尝试,积极帮助大人参与一些家务,并渴望从中得到肯定和表扬,但由于能力不足,缺乏经验,这些行为在大人眼中往往成为捣乱,帮倒忙。有时候可能会因为这些行为,家长会对孩子斥责,限制孩子活动,孩子的自主性没有得到满足,可能会对以后的成长心理造成影响。这时候可以选择适合孩子类型的家务,简单且易于产生结果。比如:帮大人拿东西,整理玩具,自主进食,帮大人扔垃圾等。当孩子帮助父母完成了一件事,他们就能从中获得满满的成就感,再加上大人的表扬和鼓励,这样会让一个人持续做一件事,从而极大地增强他们的独立意识。从小就学会干一些力所能及的事的孩子,与从小被溺爱的孩子相比,长大后的能力更强,知识面也更广。适当寻求孩子"帮助",抽出一定时间同孩子一起做事情,也是对父母的一个考验。

3. 改变孩子说"不"的环境。当孩子处于某种环境,或看到了什么,可能更喜欢说"不",提出一些不合理的要求。例如,之前提到过的吃饭时不好好吃,想去吃零食。这是因为父母给孩子提供过零食,或看见有人在吃零食,孩子才会想拒绝吃饭吃零食。这时,父母可以主动地的改变这样的环境。比如,不在孩子面前吃零食,好好地吃饭,或者是不再提供零食给孩子,只有正餐,那孩子在没有选择的情况下只能乖乖吃饭了。

4. 做到"四不"。研究发现,大多数孩子都有一个"熊孩子期",在此期间,他们总是任性妄为,不分场合撒泼打滚,大人处于尴尬会大声斥责,甚至是打孩子,让事情适得其反。我们可以做到"四不"。

(1)不打骂孩子,这是一个极端的行为,会给孩子幼小的心灵造成创伤,还有可能会让孩子以后有暴力倾向。家长应该对孩子进行正确的行为示范。

(2)不要试图讲道理,在孩子发脾气上头时是听不进去大人说的道理的,只会让他更烦躁,加重他的行为。

(3)不要立刻哄他,这样只会让孩子认为哭闹有用从而继续。

(4)不要离开他,在孩子撒泼打滚时如果父母离开他,或者留他一个人在房间哭,这样会让他产生被抛弃感,性格逐渐变得敏感。

5. 对孩子进行纪律约束。2岁的孩子总会在无意间搞破坏,这是因为"杂乱无章"正是这个年龄阶段孩子的特征。而适当的规则和秩序可以帮助孩子养成一定的生活规律,有利于养成独立、专注、积极向上的品格等。比如,在高铁、飞机等公共场所孩子想跑来跑去等,大人可以告诉他当车发动时如果跑来跑去很危险,可能会摔跤受伤等,同时会给别人带来困扰,等到目的地了再一起玩,要学会等待和安静。这样孩子的积极性非但没有受到打击,还能让孩子尽快学会并运用规则。

6. 为孩子提供更多的选择。为了孩子的身心健康,家长不能一味地否定孩子的想法,不去考虑孩子拒绝的原因。我们可以给孩子提供更多的选择,让他们在一定范围内通过自主意识行使自己的决策权,这样不仅可以做到尊重孩子,还可以帮助孩子建立自信心及独立思考的能力。例如吃饭时,孩子不愿意吃不要强制孩子吃饭,可以问问"今天想吃什么啊,是水煮蛋还是煎蛋啊?"当孩子有了更多的选择,并且可以自由行使决策权时,他们会觉得自己的想法受到了尊重和肯定,他们会更愿意配合父母。

总的来说,面对孩子的叛逆,父母最好的教育方法既要充满爱心、耐心,做到尊重孩子,同时也要坚持原则,态度坚决的对不好行为进行纠正和引导。此外,还要学会使用一些教育技巧,从而从容应对孩子的第一个叛逆期。

第八节　如何掌握幼儿期宝宝生长发育规律

家长困惑

面对逐渐长大的宝宝,家长们不确定宝宝们应该在哪一个阶段掌握什么技能,宝宝生长发育出现哪种情况的时候应该进行干预呢?

一、正常表现

1. 1～1.5 岁生长发育规律。① 前囟大小出生时为 1～2 cm,6 月龄左右逐渐骨化变小,一般于 1～1.5 岁闭合,最迟 2 岁闭合。② 15 个月可独自走稳。③ 喜欢玩"藏猫猫"游戏。④ 很想用语言表达自己的需求,但常因词汇有限而出现乱语。⑤ 能表示是否同意。⑥ 可寻找不同响声的声源。

2. 1.5～2 岁生长发育规律。① 出生后 2 年体重增加 2.5～3.5 kg。② 可被扶着上下楼梯。③ 能区别各种形状,可叠 2～3 块积木,能用勺吃饭。④ 18 个月能说出家庭成员的称谓。⑤ 能按简单的命令做事。此期如果还不能独立行走,要去医院进行神经发育系统检查。

3. 2岁生长发育规律。① 2岁至青春期体重年增长值约2 kg。② 2~2.5岁乳牙出齐。③ 24个月时可跑步、双足并跳。30个月时会独足跳。手指的灵巧性增加,可叠6~7块积木,会翻书。④ 能说有语法的句子,如"我的鞋"等。⑤ 不再"认生"。

4. 3岁生长发育规律。① 能独立骑童车、洗手等。② 能做使用剪刀、系纽扣等精细动作。③ 能指认物品名,并能说出由2~3个字组成的短句。④ 情绪开始逐渐趋向稳定,可与小朋友做游戏。表现出有自尊心、同情心等。

二、异常表现

1. 视觉发育异常。孩子的眼球常出现凝视呆板的现象,不能随人或玩具的移动而转动;孩子有时能用目光追随近处的有鲜艳色彩的、大的物体,但对较远处的,或色彩不鲜艳的目标没有反应;孩子很少用手去抓吊在摇篮上的不能发出声音的玩具;孩子的眼睛出现明显的异常情况,如斜视、眼球混浊、眼球震颤;孩子常常因不能绕开较明显的障碍物而摔跤。

2. 听觉发育异常。孩子对突然发生的声音很少有吃惊的反应,如哭、吓一跳或停止正在进行的动作;孩子只有在看着他人说话时才听得懂一些,或需要多次重复才能明白他人的意思;到1岁时,孩子对电视机的声音、门铃声、他人的说话声毫无反应,或反应迟钝;到学话期(12个月至18个月)孩子仍没有模仿说话的行为,过了正常的开始说话期仍然一直不会说话;孩子经常出现呕吐,或经常抱怨耳痛、头部嗡嗡作响。

3. 智力发育异常。孩子的外表特殊;头形明显偏大(或小);脸部出现宽鼻梁、宽眼距、伸舌头的异常特征;肤色不正常(嘴唇、手、足发紫);孩子的发育速度,如笑、抬头、坐、立、走等的出现时间,比同龄孩子落后4~5个月以上;孩子的表现过于"安静""老实",如多睡、不好动、不好出声、不爱哭闹、对父母的逗引无反应;孩子的行为、情绪有些特别,如有吞咽困难或咀嚼困难,双眼凝视或眼球震颤,常出现烦躁不安、尖叫等现象。

【处理方法】

1. 定期监测记录。定期带孩子去医院进行健康检查和生长发育评估，跟踪记录身高、体重等数据，对比生长曲线表，及时发现异常。

2. 合理喂养。确保孩子营养均衡，根据年龄段调整喂养方式和频率，尤其是在婴幼儿时期，提倡按需哺乳，随着孩子成长逐渐加入丰富多样的辅食。

3. 关注生活作息。保证孩子有充足的高质量睡眠，并建立良好的生活作息规律。

4. 适度运动与户外活动。适量的体育锻炼可以刺激生长激素分泌，同时晒太阳有助于体内维生素 D 的合成，有利于骨骼健康。

5. 及时就医诊治。一旦发现生长发育偏离正常轨道，立即寻求专业医生的帮助，排除病理性原因，并根据医生建议制定相应的干预措施。

第九节　怎样培养宝宝的规则意识

家长困惑

在生活中，家长越是不让孩子做的事情，孩子越要去触碰和尝试。如何避免自己家孩子变成"熊孩子"，如何培养孩子的规则意识，让孩子变成一个"乖宝宝"，成为家长头疼的问题。

一、正常表现

幼儿并非天生具有完整的规则意识和遵守规则的行为。

1. 规则意识发展特点。幼儿在成长初期，其认知能力有限，对于规则的理解处于较为初级的阶段。他们更多的是依据本能和简单的引导做出行为反应,而非天生就具备成熟的规则意识。例如,幼儿可能会因为想要某个玩具就直接去拿,不会考虑是否违反了分享或者轮流的规则。这表明他们在初始阶段缺乏对规则的理解和遵循规则的能力。

2. 行为受本能驱使。幼儿的行为往往受到生理需求和本能的强烈影响。比如,幼儿饿了就会哭闹着要吃东西,困了就可能随时入睡,这些行为更多的是满足基本生理需求,而非基于规则意识。在社交互动中,他们可能会因为自我中心的思维方式,难以理解他人的感受和遵守集体规则,例如在游戏中可能会独占玩具,不理解轮流玩耍的规则。

二、异常表现

1. 不遵守基本的社会规范。幼儿在日常生活中表现出不遵守基本的社会规范,如不排队、插队、不分享玩具等。这些行为表明孩子缺乏对他人的尊重和对公共秩序的认识。

2. 随意打断他人。在与他人交流时,幼儿随意打断别人说话,不等待轮到自己发言。这种行为反映了孩子不懂得倾听和尊重他人的观点,缺乏基本的社交礼仪。

3. 对规则的理解和执行有困难。幼儿在理解和执行规则方面存在困难,即使家长或老师反复解释和引导,他们仍然无法遵守。这可能是因为孩子认知发展水平有限,难以理解抽象的规则概念。

4. 过度自我中心。幼儿表现出过度的自我中心倾向,只关注自己的需求和感受,不顾及他人的感受和权益。这种行为可能导致孩子在集体活动中难以与同伴合作,影响社交关系的建立。

5. 情绪管理能力差。幼儿在面对挫折和不满时,容易出现情绪失控,如哭闹、打人、摔东西等。这表明孩子缺乏适当的情绪表达和管理能力,不知道如何以合适的方式处理负面情绪。

6. 对规则的反抗和挑战。幼儿经常反抗和挑战成人的规则,故意违反规定,以此来测试边界和寻求自主权。这种行为可能是孩子独立性发展的表现,但也可能表明孩子对规则的理解和接受程度较低。

7. 注意力不集中。幼儿在学习和游戏中难以保持注意力集中,容易分心,这可能会影响他们对规则的学习和记忆。注意力不集中的孩子可能更难理解和遵守复杂的规则。

8. 缺乏责任感。幼儿在完成任务或参与活动时,表现出缺乏责任感,不愿意承担后果。这种行为可能导致孩子在犯错误后不反思和改正,缺乏自我约束和改进的动力。

9. 对规则的漠视。幼儿对规则持漠视态度,认为规则不适用于自己,或者认为规则是可以随意更改的。这种态度可能导致孩子在成长过程中难以形成稳定的道德观念和行为准则。

10. 社交技能发展滞后。由于缺乏规则意识,幼儿在社交技能方面的发展可能滞后于同龄人。他们可能在与同伴互动时遇到困难,难以建立和维持友谊。

【处理方法】

幼儿时期是孩子性格和行为习惯形成的关键阶段,这个时期的教育对于孩子的成长至关重要。规则意识是指个体对社会规范、道德准则的理解和遵守能力,它是社会化的重要组成部分,家长和教育者应关注和适当引导,帮助幼儿逐步建立起规则意识,促进其社会性和情感的发展。

(一)1~2岁宝宝规则意识如何培养

1. 满足孩子的秩序感

(1)孩子1岁以后,一般会渐渐表现出对秩序的敏感。

(2)一些孩子会开始注重生活起居习惯的时间顺序或物体摆放的空间等。在这阶段,我们需要满足孩子的秩序感,并利用秩序感建立初步的规则。

2. 保持规则的合理性

(1)规则应尽可能地少并且有必要,避免无法执行或最终取消。

（2）为孩子建立有规律的生活秩序，让他们对生活的"规定动作"有预见性。行为习惯养成了，孩子就不会觉得建立规则是一种禁止。

3. 不能强迫孩子服从

（1）家长应该积极引导宝宝表现出适当的行为，可以通过语气和表情传达你的想法，可以很坚决也很积极，但不要过度。

（2）家长不仅仅是解释规则，还要为宝宝提供一些解决方法，让宝宝自己选择和决定，发挥他的主动性。

4. 坚持自身的原则。无原则的宽容和耐心，会使孩子走入歧途。对于原则性的需求，如果不能够满足宝宝，就需要灵活变通，通过拥抱共情、转移注意力等方式来平息宝宝的情绪。

（二）2～3岁宝宝规则意识如何培养

1. 开始叛逆，不能"硬碰硬"

（1）2岁以后，孩子进入了规则的敏感期，家长可以有意识地帮孩子建立规则。不过，孩子同时也进入到第一个独立期，或者称为叛逆期。

（2）他们以自我为中心，说得最多的一个词就是"不"，不喜欢被安排，更多想感受和表现自己的能力，比如尝试自己吃饭、自己穿衣服，即使做不好，也不要父母帮忙。这时要切忌"硬碰硬"，最大限度地减少对抗。

2. 建立共情，帮助宝宝学会管理情绪。如果孩子打人，家长要用他能听懂的话告诉他"我们不打人""打人会很疼的"。慢慢地让他了解别人的感受，在孩子发脾气时，家长也应尽量温和、亲密地对待他，直到他停止发脾气为止。最重要的是，直接告诉宝宝怎么做才是积极的、对他有帮助的。

3. 转移宝宝的注意力。这个年龄的孩子有很强的好奇心和求知欲,很容易"钻研"一件他认为有趣的事儿,当然也包括一些不能尝试的"坏事儿"。家长可以转移孩子的注意力,准备一些孩子感兴趣的东西,进行游戏,他就会很快忘记自己刚刚在"钻研"的东西。

第三章

●

学龄前期(3～6岁)心理困扰

第一节　为什么孩子越来越任性

　　3岁的孩子大多有自己的选择与欲望的表达,甚至还有些小小的意志行为,即不达目的不罢休。最常见的是对玩具的占有,对零食的不合理索求,并且总是喜欢唱反调,与父母对着干。喜欢对成人的要求和安排说"不",喜欢自我独立自主地完成一些事情。

一、正常表现

　　宝宝2～3岁时,由于自由活动能力极大增强,接触的事情增多,视野变得开阔,故而自主意识越来越强烈,于是就出现开始和家长对着干,经常和父母顶嘴。其实,种种行为说明孩子已经认识到自我。

二、异常表现

　　1. 由于父母过度溺爱和放纵,宝宝不考虑他人的感受,为所欲为,忽略他人的感受。

　　2. 父母缺乏与孩子沟通,孩子可能会出现不满和需要关注。

　　3. 父母的过度保护和限制,让孩子感受到被束缚或无法自由表达想法和感受。

【处理方法】

　　1. 理解尊重孩子。当孩子喜欢说"不"的时候,父母千万不要责备孩子,而是应该蹲下来,以平等的姿态来征求孩子的意见,与孩子耐心地进行沟通。

2. 尝试改变孩子"作对"的环境。孩子会和父母作对,很多时候是因为父母为其创造了"作对"的环境。比如,关于孩子晚上睡觉前吃糖果的习惯,正是因为父母为孩子准备了糖果,孩子才会不停地去吃。

3. 满足孩子的好奇心和合理要求。过度地保护孩子也是导致孩子任性的原因。2～5岁的孩子在好奇心的驱使下会让孩子想尝试各种事情,而父母的宠爱和庇护让孩子失去了很多独立探索世界的机会。

4. 切忌娇惯、放纵孩子。孩子的任性,喜欢和父母"对着干",本来是一种正常的现象,但如果听之任之就会让孩子养成任性、骄横的性格。要让孩子知道什么时候要控制自己的欲望。

5. 给予正面反馈。当孩子展现出合作和积极的行为时,及时给予正面反馈和奖励。

6. 设定明确的后果。与孩子一起设定明确的后果,以应对他们的任性行为。确保这些后果是合理和可执行的,并让孩子明白他们的行为将直接导致这些后果,这有助于培养他们的责任感和自律性。

7. 使用"我"语句。在沟通时,使用"我"语句来表达你的感受和需求。例如,你可以说:"我感到担心,因为我希望你能够尊重家里的规则。"这种方式可以避免指责和批评,让孩子更容易接受和理解。

为了帮助孩子健康成长,家长需要营造良好的家庭氛围、尊重孩子的个性和意愿、培养孩子的自律和责任感以及加强与孩子的沟通。同时,社会也需要关注孩子们的成长环境,为他们提供更多的支持和帮助。在面对孩子任性的行为时,家长需要保持耐心和理解。通过正确的引导和教育,帮助孩子克服任性的性格缺陷,成为更加成熟、自信和有责任感的人。

第二节　为什么孩子会在意
父母的评价

家长困惑

在亲子关系的广阔画卷中,父母的评价如同一抹鲜明的色彩,深深影响着孩子的成长轨迹。有些孩子认为只有得到父母的认可才是优秀,甚至为了迎合父母的期望而压抑自己的需求,逐渐变得容易否定自己、焦虑、社交困难。那么,家长如何把握鼓励与批评的度? 如何在保持评价真实性的同时,不打击孩子的积极性? 如何根据孩子个体差异来应对所有情况? 如果避免处理不当,导致孩子过分依赖父母的评价,进而影响未来的社交和职业发展?

一、正常表现

1. 情感依赖。孩子从小与父母建立起的深厚情感联系,使他们自然而然地将父母的看法视为衡量自身价值的标尺。

2. 安全感需求。父母的肯定与鼓励是孩子获得安全感的重要途径,这种安全感是他们探索世界、面对挑战的基础。

3. 社会认同初探。在家庭这个小社会中,父母的评价是孩子首次接触到的"社会评价",对其自我认知的形成至关重要。

二、异常表现

1. 情绪受父母评价影响大。当父母给予正面评价时,孩子可能表现出极度喜悦和自豪;而当父母提出批评或负面评价时,孩子可能感到沮丧、焦虑甚至自我怀疑。

2. 过度追求完美。孩子可能在学习、生活或其他方面努力追求完美,以取悦父母。他们可能对自己的表现要求苛求,即使已经做得很好,也总觉得不够。

3. 缺乏自信。由于过度依赖父母的评价,孩子可能对自己的能力和价值产生怀疑。他们可能不敢表达自己的意见和想法,害怕被父母否定。

4. 行为过于谨慎。孩子在做决策时可能变得非常谨慎,担心自己的选择不符合父母的期望。他们可能避免尝试新事物或承担风险,以免受到父母的批评。

5. 过度关注父母情绪。孩子可能经常观察并试图解读父母的情绪,以判断自己的行为是否得到认可。他们可能试图通过改变自己的行为来迎合父母的情绪。

6. 社交焦虑。在社交场合中,孩子可能表现出焦虑或不安,担心自己的行为会被他人(尤其是父母)评价。他们可能害怕在他人面前犯错,从而避免参与社交活动。

7. 过度依赖。孩子可能过度依赖父母的指导和支持,无法独立面对问题。他们可能缺乏解决问题的能力和自信,总是希望父母为他们做出决策。

【处理方法】

1. 建立开放的沟通。鼓励孩子表达自己的感受和想法,了解他们为何如此在意父母评价,同时教会他们如何理性看待外界评价。

2. 平衡鼓励与批评。采用"三明治"式沟通法,即先给予正面肯定,再提出改进建议,最后再次强调信任和支持,这样既保护了孩子的自尊心,又提供了成长的方向。

3. 强调过程而非结果。重视孩子努力的过程而非仅仅关注结果,帮助他们理解成功与失败都是成长的一部分,减少对单一结果的过度依赖。

4. 培养自我认知。引导孩子通过自我反思、设定个人目标等方式,逐步建立基于内在动机的自我评价体系,减少对外部评价的过度依赖。

5. 以身作则。家长自身也应展现出对评价的理性态度,避免在孩子面前过度在意他人看法,为孩子树立榜样。

第三节 为什么孩子做事总是"三分钟热度"

家长困惑

为什么孩子做事总是"三分钟热度",不能坚持,遇到困难就退缩?

一、正常表现

1. 孩子注意力分散,容易受外界干扰,当有新事物出现时,他们可能会迅速转移注意力。

2. 孩子兴趣广泛但不稳定,孩子在生长发育过程中,好奇心强,但随着时间的推移,或遇到困难和挑战,或发现事情没想象中有趣,他们的兴趣就会逐渐减弱或转移到其他事物上。

3. 孩子缺乏成就感,由于活动难度过高、过低,或者孩子没有从中获得预期的回报。

4. 孩子的生理和心理发展尚未成熟,他们的注意力、耐心和毅力等品质还在逐步发展中,因此,在面对困难或挑战时,可能会表现出更容易分心、缺乏持久性行为。

二、异常表现

注意缺陷多动障碍的孩子也会出现做事"三分钟热度"。大多在学龄前出现,可合并破坏性行为、心境障碍、焦虑障碍、学习障碍及抽动障碍。

【处理方法】

1. 与孩子沟通,了解他们为什么对某项活动失去兴趣,并根据孩子的兴趣提供多种选择,帮助他们找到真正热爱的活动。

2. 通过日常生活小事,如完成家务、学习任务等,培养孩子的耐心和毅力。

3. 为孩子提供一个舒适、安静的学习环境。

4. 练习延迟满足，通过日常的小练习，如等待一段时间后再吃零食，来增强孩子的自制力。强调长远利益和短期满足之间的权衡。

5. 若有注意缺陷多动障碍表现时，及时寻求相关专业机构帮助。

第四节　为什么孩子会情绪失控

家长困惑

生活中，我们常常听到家长抱怨，孩子到了三四岁后，总是莫名其妙"情绪失控"，有些孩子会因为一丁点小事就乱发脾气，甚至会偷偷躲起来、离家出走，父母不得不动员全家、邻居、朋友等四处寻找。家长一边担心孩子的安全问题，一边又为孩子的行为气愤不已。和小伙伴玩耍，完全是不能碰的"霸王龙"，暴躁易怒，时常会发生摩擦和冲突，不是欺负了这个小朋友就是欺负了那个小伙伴，甚至有攻击性倾向，有时候会把同学、伙伴打哭。更可气的是，孩子动不动就用不吃饭、不上学等来威胁父母，所以民间有种说法："爱到 3 岁恨到老"。

一、正常表现

1. 受委屈。当孩子心中的想法不被别人所理解，或是被冤枉时，可能会通过发脾气来表达心中的不满和委屈。

2. 维护自尊。在某些情境下，孩子会因为输了比赛或做某件事情失败而感到没面子，从而通过发脾气来维持自己的自尊心。

3. 渴望关注。有些孩子可能会通过发脾气来博取关注，希望被看见或重视。

4. 表达不满。例如,当面对过重的惩罚或不合理的要求时,孩子可能会通过情绪失控来表达自己的不满和抗议。

二、异常表现

1. 分离性焦虑。当与亲人离别时,孩子表现出过分的焦虑、惊恐不安,担心亲人可能遭受意外或害怕他们一去不复返。孩子可能因此要求待在家里,不愿去上学,并可能出现头痛、腹痛等躯体症状,但检查又无异常体征。

2. 恐怖性障碍。孩子对日常生活一般的客观事物或处境产生过分的恐惧,这种恐惧情绪可能持续存在并超过实际的危险程度。常见的恐惧对象包括动物(如猫、狗、昆虫等)、黑暗、独处、登高、尖锐物体、疾病(如癌症、肝炎、心脏病)等。惊恐时,孩子可能伴有脸色苍白、心悸、出汗、尿频、瞳孔散大等自主神经症状。

3. 社交敏感性障碍。孩子在与周围环境接触时,表现出过分的敏感、紧张、恐惧、胆怯、害羞和退缩。孩子可能因此不愿到陌生环境,害怕与陌生人交往,甚至害怕与母亲分离。

4. 强迫症。孩子可能出现反复的、刻板的强迫观念或强迫动作,如过分反复洗手、反复检查自己行为、无意义的计数、排列顺序等。

5. 抑郁症。学龄前期抑郁的孩子可能表现出不快乐、哭啼、活动减少、兴趣减退、行为退缩等症状。他们可能不愿参加活动和游戏,食欲下降,睡眠减少和紊乱。

6. 癔症。常见于少年儿童,女性较男性多见。临床表现与成人基本相同,包括躯体形式障碍(如非器质性的运动、感觉或植物神经症状)和分离性反应(如发作性意识朦胧、情感爆发、行为异常等)。

【处理方法】

1. 聆听孩子的委屈。孩子受了委屈,父母一定要耐心倾听,不要打断孩子,要让孩子把委屈的情绪发泄出来。孩子在倾诉的过程中,他们也在思考、判断,时刻关注着父母。

2. 当孩子闹情绪时,父母要保持沉默。美国家庭教育专家帕蒂·惠芙乐认为,孩子的每一个"非正常"表现的背后都有一个正当的理由,他们是在发泄精神或是身体上的创伤所引起的负面情绪。因此,在孩子发泄情绪时,父母不要打断孩子,保持沉默,静静聆听孩子的倾诉。

3. 耐心听孩子讲话,不要打断孩子。很多父母在聆听孩子讲话时,孩子还没有说完就迫不及待地打断孩子,说出自己的观点和看法。如果父母总是打断孩子说话,孩子就会丧失表达的积极性和信心。

4. 主动聆听孩子说话。倾听是父母给孩子最大的关注与尊重。因此,父母的态度应该是积极主动的而不是被迫的,也不能敷衍孩子。

5. 面对孩子情绪异常的表现,家长应积极寻求专业机构的咨询与帮助。

第五节 为什么孩子会撒谎

家长困惑

小孩子撒谎,意味着他的心理已经进入了新的发展阶段,但是,很多父母一提到孩子撒谎就仿佛如临大敌。在他们看来孩子撒谎是变坏的开始,孩子明明犯了错,却撒谎不承认;孩子刚刚偷吃了东西,却说自己没吃;孩子明明考试成绩不好,却自己偷偷改了分数……如此,父母就担心孩子会成为一个用谎言来逃避责任的人。一旦孩子撒谎,很多父母就会急于纠正、严厉地批评、指责孩子甚至打骂他们。

其实,导致孩子撒谎的原因有很多,父母要做的是分析孩子行为背后的动机,这样才能给予孩子正确的引导,找到正确的解决方法。

一、正常表现

1. 想象的谎言。一般而言,3 岁左右的孩子正是想象力丰富的年龄段,但是又无法去辨别事情的真实性,常常会把想象的事当成真的事来说。例如小男孩想拥有一只小狗,为此他可能会对其他小伙伴说"我有一只非常可爱的狗狗"。大人觉得孩子在撒谎,其实他们并非故意的。

2. 认知发展的需要。孩子的年龄小、个子小,他所观察体会到的事情,与成人观察到的自然有所区别。所以孩子在表达一些话语的时候,就会显得很夸张。例如:"我家里有一个像房子一样大的气球。""我们家里的动物要比动物园里的动物多得多。"

二、异常表现

1. 恐惧心理。有的家长对孩子的管教过严。在孩子印象中曾经有过因犯错误而受到严厉惩罚的经历。当再次犯错时,由于害怕就会以撒谎来逃避可能受到的惩罚。如小明有一次不小心把家里的钥匙丢了,结果被爸爸打了一顿。当下一次因玩游戏而耽误了回家时,就撒谎说是"在学校做作业""老师今天安排活动"等来掩盖事实。

2. 压力过大。家长过高的期望,使得孩子在没达到父母的要求标准时以撒谎的形式获取家长的赞许。如,家长规定孩子每次考试必须达到 95 分以上,孩子达不到,于是通过改分数等以骗取家长的欢心。

3. 模仿行为。如果家长平时谈话中说谎,例如"今后上班迟到了,我就说路上堵车",言传身教,让孩子觉得爸爸妈妈可以撒谎，孩子也可以撒谎。如果他们在家庭或社交环境中经常接触到撒谎的行为，就可能模仿并尝试在自己的生活中实践。

4. 寻求关注与认可。孩子可能希望通过撒谎来吸引他人的注意或获得他人的认可，这可能是因为他们在其他方面感到缺乏关注或认可。有的时候孩子为博得父母的关注，就用撒谎的方式来引起注意。

【处理方法】

如果家长发现孩子开始撒谎，请不必担心，抓住时机教育引导才是上策。很多父母得知孩子撒谎后，通常的情绪反应是非常气愤，继而想到的就是要拆穿它。然而拆穿孩子的谎言，从来都不会有效遏制孩子撒谎的行为。正确的做法是因势利导，让孩子更好地理解撒谎行为；尊重孩子，信任孩子，以身作则，帮孩子建立心理支持系统。

1. 了解撒谎背后的原因。孩子撒谎的原因有多种：有的是想通过撒谎来让家长满足自己的某种愿望，有的是因为自己做了错事怕受到惩罚，有的是因为不愿意做自己不喜欢做的事情，有的是因为达不到父母的要求怕父母失望而撒谎，等等。家长一定不能急躁，不能一得知孩子撒谎就暴跳如雷，打骂孩子，痛斥孩子品德不好，抱怨自己的付出都白费了，而是要耐心找出孩子撒谎背后的原因，对症下药，有针对性地进行引导。

2. 信任孩子。亲子关系中最重要的就是相互信任。信任是一扇通往孩子心灵的门，它能带给孩子更多的安全感，帮孩子树立信心。父母的信任，是对孩子个人价值的肯定。只有相互信任，孩子才有安全感，有心里话才会和家长沟通，有困难才会向家长寻求帮助，把家长作为自己坚强的后盾，家长也能及时了解孩子。发现孩子撒谎后，家长要及时引导，进行正面教育，使孩子认识到撒谎的危害；告诉孩子做人要诚实守信，在孩子承认撒谎不对、表示今后改正时，要给他一个拥抱，把信任与爱传递给他。

3. 防微杜渐,重视孩子每一个不起眼说谎的行为。"人之初,性本善",没有任何一个孩子一出生就是邪恶的。很多不良习惯,都是从微不足道的事情发展起来的。作为家长,在发现孩子有说谎的苗头时就要及时、坚决地纠正,等到事态发展到不可控的地步再去纠正就晚了。

4. 以身作则,潜移默化影响孩子。马卡连柯曾说过:"不要以为只有你们和儿童谈话的时候,或教导儿童、吩咐儿童的时候,才是做教育工作,在你们生活的每一瞬间,都在教育着儿童……"教师和家长的一言一行,时时刻刻都对学生有着潜移默化的影响。要想孩子成为一个诚实守信的人,教师和家长首先必须加强自身的道德修养,以身作则,言行一致,做一个诚实、正直的人。当教师和父母说错了话或做错了事时,应当及时在孩子面前作检讨,主动承认错误,做一个好榜样。家长不能教孩子说谎,在孩子面前要讲真话,提高威信,不能信口开河,更不能欺骗孩子。

5. 家校合力构建心理支持系统。犯了错误的孩子在过于严厉的教师或者家长面前最容易说谎,特别是在自己说了实话后遭到责骂甚至惩罚时,更容易采用谎言来"自卫"。所以,当孩子说真话时,家长和老师要对其诚实的行为加以肯定,给予表扬,同时还要适当减轻孩子的心理压力,更多关注孩子每天的学习态度、心情怎么样,问问他们有没有遇到困难、挫折,需不需要帮助;如果偶尔一两次考试失利,也不要责怪孩子,可能这段时间学习比较累,不在学习状态,要和他一起分析失败的原因,找到努力的方向,争取下次考好。学校还可以利用广播、班会课开展诚信教育,告诉学生们任何时候都要说真话,做实事,在家做个诚实守信的好孩子,在学校做个诚实守信的好学生,步入社会后,要做个诚实守信的好青年。

第六节　为什么孩子会故意搞破坏

家长困惑

搞破坏是孩子的一大天性。孩子在最初亲近世界的时候,对万物表现得似乎并不那么友好。拿到钟表,便想知道里面的秘密,看看里面究竟有什么机关;拿到玩具就一心想把它拆开来。其实,爱搞破坏是孩子成长过程中出现的正常现象,虽然他们表现破坏频率和程度不同,但都是有一定原因的。

一、正常表现

1. 孩子的生理发育不够完善。孩子的破坏行为分为两种,一种是无意识的破坏行为,一种是有意识的破坏行为。2 岁前宝宝的破坏行为通常是无意识的,并不是他们刻意而为之。这个年龄阶段的孩子,他们的自控能力是非常弱的,注意力也非常不集中,所以不能把责任都推到孩子身上。

2. 2~3 岁的宝宝具有的特点。心理学专家普遍认为,2~3 岁的宝宝与生俱来就有破坏和捣乱的行为本能,此时期也被认为是他们的第一个反抗时期。此后,随着他们不断长大以及所受教育的影响,他们的破坏行为就会逐渐减少。

3. 好奇心的驱使。好奇心是每一个人都拥有的,幼儿更是不例外。他们对自己不了解的事物,总是习惯性地去摸一摸、看一看。比如他们喜欢拆玩具和闹钟,只是为了看看他们是由什么做成的,里面有什么。这其实是他们想要学习和探索的一个过程。

孩子是因为好奇心才会去搞破坏,去捣乱,所以,父母如果不想扼杀孩子的探索精神,就应当试着去包容他们的这种

"捣乱"行为。其实,孩子的这种捣乱的过程,也是一种学习的过程,也是他们手和眼相互协调的一个过程,同时,还可以锻炼他们的思维能力,让他们主动去寻找解决问题的方案。这样不仅培养了他们的动手能力,还可以培养他们的创造能力。

二、异常表现

1. 频繁损坏物品。孩子搞破坏的一个明显表现是频繁损坏物品。他们可能无意识地摔坏玩具、撕毁书籍或故意破坏家具等。这种行为可能源于孩子的好奇心和探索欲望,但如果频繁发生,就需要引起家长的关注。

2. 宣泄情绪。孩子可能因为情绪波动、焦虑、愤怒等而故意搞破坏。当孩子的一些要求被拒绝或是遭受挫败后,他们会用一种破坏东西的方式来表达抗议。可能是被拒绝感到了伤心、失望,所以孩子用这种极端方式来表现不满。

3. 盲目模仿。孩子喜欢模仿,总想着能像爸爸妈妈一样做很多的事情,一有机会就会上演"模仿秀",但是由于自身能力有限,导致方法错误,被认为是一种破坏。

4. 怕被忽视。孩子为了引起别人的注意,也会去做一些破坏性的事情,故意很淘气,其实只是孩子孤单寂寞了,需要父母陪伴。

【处理方法】

对于父母来说,通过斥责、严格限制,或许能让搞破坏的孩子变得"老实",但是,从孩子成长的角度来说,奉行这种教育是万万不能的,它可能已经损害了孩子的进取心和探索能力。孩子在搞破坏的过程中,积累了生活经验,提高了思维能力,逐渐认识了纷纭复杂的大千世界,从无知变为有知,从愚昧变得聪明,从幼稚发展为成熟。这既是一种内在的冲动和需要,也是个人成长的必然结果,因此父母要尊重孩子不可遏制的求知欲、无所顾忌的探究欲和不拘一格的开创精神。当孩子搞破坏时,家长可以采取以下措施来应对：

1. 保持冷静，正确引导。在父母发现孩子的破坏行为时，首先要冷静，不要让自己的情绪干扰了判断，然后看看孩子破坏的原因是什么，再决定如何纠正和引导。如果父母可以适时地参与到孩子的"破坏活动"中去，和孩子进行互动，引导、帮助他们一起寻找结果，然后再和孩子一起把拆开的玩具恢复原样，这样就能让孩子在"破坏"—探究—重建中获得心理上的满足。这对于孩子的大脑发育及日后处理问题能力的提高，会有极大的帮助，更重要的是可以让孩子从小培养出一种强烈的求知欲。

2. 及时关注，给予正确关爱。父母对孩子充满了关爱，但很多时候也会忽略了关注。其实每一个孩子都希望得到父母关注，孩子会因为父母的忽略产生抗议，从而出现破坏行为，想引起父母的关注。因此，家长确实需要做到及时关注，从孩子的言语、表情、动作等细微的方面多加注意，给予孩子更多的关怀和关注。

3. 设定明确规则，对故意捣乱的孩子要"约法三章"。与孩子一起制定明确的家庭规则和行为准则，让他们知道哪些行为是可以接受的，哪些是不可接受的，这有助于孩子建立正确的是非观念。孩子淘气、爱闯祸，是他们的天性。事实上，孩子惹事、闯祸，有时是无意的，但是频繁发生；有时是有意的，危害严重。无论是哪种情况，父母都应告诉孩子事情的后果，让学会孩子承担责任。这种家庭教育，关系到孩子的教养问题，对孩子日后良好习惯的养成、办事能力的培养，都有着积极作用。

4. 学会适度惩罚孩子。有些孩子之所以频繁闯祸，就是因为他们在惹事后没有受到相应的惩罚。所以，当孩子频繁闯祸、惹事，甚至故意捣乱的时候，父母就要学会适度惩罚孩子，使他在自己的过失所造成的后果中得到教训，受到教育。

5. 树立榜样，正面激励。家长应该以身作则，做孩子的榜样。通过自己的行为和言语来引导孩子,让他们学会尊重他人和环境,珍惜物品和资源。当孩子表现出积极的行为时,及时给予正面激励和奖励,让孩子明白良好行为的价值和意义。这可以激发孩子的积极性和自信心,促进他们更好地发展。

总之,面对孩子的破坏行为,家长要懂得使用技巧来巧妙回应,保持良好的态度,正确指导孩子,满足孩子的需要,理解孩子的行为,积极沟通、耐心倾听,学会关注、爱护、尊重孩子,帮助孩子改善并远离"破坏",从而促使孩子全面和谐、健康发展。

第七节　为什么孩子会"多动"

家长困惑

为什么孩子像一个永动机,充满了能量？他们总是在动来动去,好像没有"关机"按钮,似乎也没有固定的轨道。

一、正常表现

在很多家庭中,家长们总是乐见其子活泼好动。这样的孩子就像是一团永不停歇的活力源泉、是不知疲倦的探险家,他们仿佛拥有无尽的精力和强烈的好奇心、探索欲,总是在寻找下一个新奇的目标。在家长们眼中,小家伙们这种坐不住、停不下的行为,正是聪明伶俐的象征,他们不仅是家庭的宝贝,更是未来的希望。通常情况下,多动行为在孩子中是正常的,尤其是在幼儿和学龄前儿童中。孩子们天生好动,好奇心强,他们的注意力往往不会长时间集中在某一件事情上。比如会在玩耍时充满活力,跑跳不停;很难长时间坐在一个地方,比如餐桌前或课堂上;容易被新事物或活动吸引,很快转移兴趣。或者是难以控制自己的冲动,比如排队时会显得不耐烦,在日常游戏或者活动中,可能不善于遵守规则或者等待轮到自己。

这些行为在正常范围内，是因为孩子们正在学习如何管理自己的行为和情绪。然而，如果这些行为非常频繁、强度很大，并且严重影响了孩子的学习、社交和家庭生活，那么可能需要考虑是否存在多动症的相关问题。

二、异常表现

多动症，医学上称为注意力缺陷多动障碍（Attention Deficit Hyperactivity Disorder，简称 ADHD），是一种常见的儿童行为异常问题。这类患儿的智力正常或接近正常，但学习、行为及情绪方面有缺陷，主要表现为与年龄和发育水平不相称的注意力不易集中、注意广度缩小、注意稳定性差、活动过度或冲动等，并常伴有认知障碍和学习困难。孩子会表现出极度的活跃且难以控制；或者很难专注于任何活动，即使是他们感兴趣的游戏或故事，注意力维持时间远短于同龄儿童；会有一些冲动行为，经常在不考虑后果的情况下行动，例如突然冲向马路、打断别人说话或未经允许就拿走他人的物品。这些孩子可能经常情绪波动剧烈，容易发脾气或情绪崩溃，且难以安抚；在学习新技能或记忆信息时表现出明显的困难。

【处理方法】

（一）治疗方法

区分正常多动和 ADHD 的关键在于行为的频率、持续性和对日常功能的影响。如果一个孩子的多动行为非常频繁，持续存在，并且严重影响了他们的学习、社交和家庭生活，那么这可能是一个需要专业评估的信号。ADHD 的治疗方法通常包括药物治疗、心理治疗、行为治疗和父母培训等综合措施。

1. 药物治疗。药物治疗是目前治疗 ADHD 的主要手段。中枢兴奋剂（如哌甲酯和安非他明）是治疗 ADHD 的常用药物，它们可以帮助调节大脑中的神经递质水平，从而减少多动和冲动行为，提高注意力。非兴奋剂类药物，如托莫西汀，也是一个选项，尤其适用于那些对中枢兴奋剂反应不佳或有其他并发症的儿童,这类药物可以改善患儿的注意力,控制过度活动和冲动行为,从而提高学习和生活质量。

2. 行为治疗。行为治疗是 ADHD 非药物治疗的重要组成部分。这包括行为疗法、家长培训、学校干预等。行为疗法可以帮助孩子学习新的行为模式,提高自我控制能力。父母培训是教育家长如何有效地与 ADHD 儿童沟通,如何设定明确的期望和规则,以及如何使用积极强化来鼓励良好行为。学校干预指与学校合作,为 ADHD 儿童提供适当的教育支持,如调整教学方法、提供额外的学习资源和辅导。

3. 社交技能训练。帮助 ADHD 儿童学习社交技能,如倾听、轮流、解决冲突和表达情感。

4. 心理治疗。心理治疗可以帮助 ADHD 儿童和家庭应对与 ADHD 相关的挑战,并提供情绪支持和指导。

5. 营养和生活方式调整。确保 ADHD 儿童拥有健康的饮食,充足的睡眠和适量的体育活动。

6. 辅助技术。使用各种辅助技术,如计算机软件和应用程序,以帮助 ADHD 儿童提高组织和注意力。

7. 环境调整。创造一个有组织和结构化的环境,减少干扰,帮助 ADHD 儿童更好地管理时间和任务。

选择哪种治疗方法取决于孩子的具体情况、症状的严重程度以及家庭和学校的支持系统。通常,多模式治疗(药物结合非药物治疗)被认为是最佳实践。这些治疗可以帮助患儿掌握社交技能、提高自我控制能力、改善家庭和学校环境,从而减轻多动症症状和提高生活质量。

(二)家庭支持

ADHD 儿童的家庭护理是一个长期且需要耐心的工作。以下是一些建议,可以帮助家长更好地照顾 ADHD 儿童:

1. 建立规律的日常生活

(1)制定固定的作息时间表,包括规律的饮食、睡眠和玩耍时间。

（2）确保孩子有足够的休息，因为缺乏睡眠可能会加剧多动症状。

2. 创造有序的环境

（1）保持家中环境整洁、有序，减少干扰和刺激。

（2）为孩子设立一个安静的学习角落，减少分心的因素。

3. 提供健康的饮食

（1）避免给孩子食用含有人工色素、添加剂和糖分高的食物。

（2）确保孩子摄入足够的蛋白质、健康脂肪和复杂碳水化合物。

（3）保持餐间间隔合理，避免饥饿或过度饱食。

4. 鼓励适当的体育活动

（1）每天保证孩子有足够的户外活动时间，以消耗多余的精力。

（2）参与一些有组织的体育活动，如游泳、足球或篮球，帮助孩子学习规则和团队合作。

5. 提供积极的支持和鼓励

（1）使用积极的强化策略，奖励孩子的良好行为。

（2）避免过度批评或惩罚，因为这可能会降低孩子的自尊心。

6. 教育和沟通

（1）与孩子沟通，帮助他们理解自己的行为和感受。

（2）教育家庭成员和朋友理解多动症，以便他们能够提供支持和理解。

7. 监督和支持学习

（1）与学校合作，确保孩子在学校得到适当的支持和调整。

（2）监督孩子写家庭作业，帮助他们组织任务和管理时间。

8. 专业帮助

(1) 如果需要,寻求心理健康专业人士的帮助,如心理咨询师或行为治疗师。

(2) 定期与孩子的医生沟通,监控药物治疗的效果和副作用。

9. 自我保健

(1) 家长需要关注自己的健康和情绪,因为照顾多动症儿童可能会带来压力。

(2) 寻求支持团体或专业帮助,以便更好地应对挑战。

通过这些方法,家长可以帮助 ADHD 儿童更好地管理自己的行为,提高他们的自信心和社交能力,从而改善整个家庭的生活质量。

ADHD 是一种常见的儿童行为异常问题,给患儿和家庭带来了许多困扰。需要综合药物治疗、心理治疗、行为治疗等多种手段进行治疗。早期诊断和治疗对改善患儿的生活质量和预后至关重要。家庭是孩子成长的第一个社会环境,家庭成员的理解、关爱和耐心对多动症患儿的情绪稳定和行为改善非常关键。家长和监护人的积极参与,包括与医疗团队的紧密合作、为患儿提供一致的规则和期望,以及实施积极的行为管理策略,都能够显著提高治疗效果。社会支持同样必不可少。学校和社区的理解和适应对于 ADHD 患儿的社会融合与自我价值感的建立不可或缺。提供适当的资源和服务,如特殊教育计划、职业培训和心理健康支持,可以帮助 ADHD 患儿更好地融入社会,发挥他们的潜力。

每一个 ADHD 的孩子都需要理解和支持,以帮助他们找到适合自己的生活方式和学习方法。通过耐心和适当的引导,让他们可以学会管理自己的行为,就像找到正确的轨道的小火车头,最终能够顺利地驶向目的地。

第八节　为什么孩子会"遗尿"

家长困惑

为什么孩子经常尿床,是不是孩子白天玩得太累了,还是晚上水喝得太多了?

遗尿是儿童时期非常常见的现象,大多数孩子随着年龄的增长,身体逐渐成熟,遗尿的情况会自然消失。在此之前,如果孩子的"城市"有一些特殊的设计问题,比如膀胱容量较小,或者夜晚生成的抗利尿激素不足,就像水库的容量不够大,或者夜间没有足够的车辆来运输水,那么遗尿的情况就更容易发生。还有一些时候,孩子的"城市"可能会受到一些外部因素的影响,比如晚饭过咸导致睡前饮水过多或过度疲劳,这些就像是突如其来的暴雨,使得水库的水位迅速上升,超出了监管人员的控制范围,从而导致水溢出来。

一、正常表现

1. 年龄因素。婴幼儿因为膀胱控制能力尚未发育完全,遗尿是正常的生理现象。通常在3~5岁,孩子逐渐能够在夜间控制排尿。

2. 生长发育。孩子的膀胱容量会随着成长而增大,同时神经系统对膀胱的控制也会逐渐成熟。这些变化可能不都是同步的,导致在某个阶段孩子可能会遗尿。

3. 遗传影响。如果父母或家族中有人曾经遗尿,孩子遗尿的可能性也会增加,这可能与遗传有关。

4. 环境因素。孩子的生活环境、日常压力、情绪波动等都可能暂时影响他们的膀胱控制能力,导致遗尿。

5. 生理周期。女孩在月经来潮前后,由于激素的变化,可能会出现暂时的遗尿现象。

6. 偶然事件。即使已经能够控制夜间排尿的孩子,可能因为生病、过度疲劳、睡前饮水过多等原因偶尔发生遗尿。

二、异常表现

1. 持续遗尿。孩子年龄已经较大(通常指超过 5 岁),但仍然经常在夜间无意识地排尿。

2. 白天尿失禁。孩子在白天出现无法控制的尿失禁现象,这可能是尿路感染、神经系统问题或其他健康问题的迹象。

3. 尿频或尿急。孩子经常感到尿频或尿急,尤其是在夜间,这可能表明有泌尿系统的问题。

4. 尿痛或排尿困难。如果孩子在排尿时感到疼痛或有困难,可能是尿路感染的迹象。

5. 尿床频率增加。孩子遗尿的次数突然增加,或者遗尿的情况变得更频繁。

6. 尿量异常。孩子在夜间遗尿的尿量异常多,这可能表明孩子的身体无法正常调节尿液的产生和排放。

7. 伴随其他症状。遗尿伴有其他问题,如生长发育迟缓、学习能力下降、行为问题等。

8. 情绪或行为问题。遗尿可能导致孩子出现自尊心受损或出现焦虑、抑郁等情绪问题。

9. 家族病史。如果家族中有成年成员仍然遗尿,这表明可能有遗传性的遗尿症。

【处理方法】

对于遗尿的孩子,家长和社会都应给予理解和关心,帮助孩子克服这一困难。通过适当的治疗和护理,以及心理支持,大多数孩子的遗尿问题可以得到有效管理和改善。遗尿的治疗包括行为疗法、药物治疗、生活方式调整等。通过适当的干预,许多儿童能够克服遗尿问题,享受更健康、更自信的童年。

1. 行为疗法。建立规律的作息时间、限制晚餐后的液体摄入、鼓励孩子在睡前排尿等。此外，医生可能会建议使用尿床警报器或其他设备来帮助孩子意识到夜间排尿的需要。

2. 药物治疗。抗利尿激素类药物可以帮助减少夜间尿液的产生。然而，药物治疗应在医生的指导下进行。

3. 调整生活方式。除了行为疗法和药物治疗，家长在治疗中扮演非常重要的角色。家长可以尝试一些方法来帮助他们，比如定时提醒排尿，就像是给监管人员设置了一个定时提醒，让他们在特定的时间去检查水库的水位；控制睡前饮水，就像是减少了夜间暴雨的可能性，使得水库的水位不会快速上升；建立夜间唤醒，就像是给监管人员配备了一个夜间巡逻队，确保他们能够在水库溢出之前及时发现并处理问题；使用遗尿警报器，就像是给水库安装了一个自动报警系统，一旦水位超过警戒线，就会立即发出警报，提醒监管人员及时采取措施。

除此之外，与孩子沟通遗尿问题时，采取敏感和积极的态度非常重要。以下是一些建议，可以帮助家长和照护者减少孩子的心理压力：

1. 开放和支持性的对话。选择一个私密且舒适的环境，让孩子知道你愿意倾听他们的感受和担忧。鼓励他们表达自己的情绪，无论是焦虑、羞愧还是挫败感。

2. 提供信息。向孩子解释遗尿是一个常见的医疗问题，不是他们的错。讨论身体是如何工作的，以及有时身体需要一些帮助来学习控制夜间排尿。

3. 避免责备。确保孩子知道遗尿不是他们的错，也不是他们可以控制的。避免任何可能引起羞愧或内疚的言语。

4. 鼓励合作。让孩子参与到治疗过程中来，比如选择尿床警报器的类型或是制定奖励制度。这可以增加他们的参与感和对治疗的积极态度。

5. 正面强化。当孩子有进步时，给予积极的反馈和奖励。这不仅仅是当他们整夜保持干燥时，也包括他们在治疗过程中展现出努力和合作时。

6. 保持一致性。确保家庭成员在处理遗尿问题时的态度和反应是一致的。这有助于孩子感到支持和理解。

7. 提供情感支持。如果孩子因为遗尿而感到沮丧或焦虑，家长应提供情感上的支持，必要时考虑寻求专业的心理咨询。

8. 保持耐心。遗尿的治疗可能需要时间，保持耐心并持续提供支持对孩子来说至关重要。

9. 庆祝进步。即使是小的进步，也值得庆祝。这可以帮助孩子保持积极的心态，并鼓励他们继续努力。

家长在家庭中还可以采取一些措施来帮助孩子减少遗尿的发生。例如，保持良好的家庭氛围，减少孩子的压力和焦虑；鼓励孩子参与体育活动，提高身体健康；定期与孩子进行沟通，了解他们的情绪和心理状态。通过这些方法，家长和照护者可以帮助孩子更好地理解和应对遗尿问题，减少他们的心理压力，并促进他们的整体健康和幸福。在孩子的成长中，这个过程可能会很漫长，家长的耐心和关爱是解决问题的关键，用科学的办法和温暖的关怀，让孩子都能拥有无忧的夜晚，使其在甜美的梦乡中茁壮成长。

第九节 为什么孩子会在意"自尊"

家长困惑

自尊是对个体价值的体验，也是个体对自我重要性的认知。英国教育家斯宾塞指出：每一个孩子的心灵世界，都需要靠自尊来支撑。可能很多人认为孩子这么小他们自己都说不明白什么是自尊，那又怎么会懂得自尊呢？确实，孩子并不清楚他们的这种意识是自尊的表现，但这并不影响孩子已经具备了这种理解能力。自尊的概念在孩子的成长过程中会越来越清晰，开始懂得评价自己所具备的品质，其中对自我进行评价的部分，就被称为自尊。简单来说，自尊是自我组成的部分，它是一种感受，是我们如何看待自己，是否喜欢自己的表现。而自尊是否被重视，直接影响孩子的行为和心理健康。

一项针对 4～5 岁儿童的研究显示，孩子在 4～5 岁（甚至更早），已经建立了自尊感。研究同时发现，在这个年龄段和父母形成安全依恋关系的儿童，自尊评分最高，且认为自己更可爱。老师也普遍认为他们具备更强的能力。心理学家鲍尔比也曾经在研究中发现，从小建立安全型依恋的孩子，自我价值感更为积极，孩子也更快乐。孩子自尊萌发通常会有以下 4个表现：

1. 被表扬时会表现出喜悦之情。当孩子因为某件事情被老师、家长或者小朋友表扬称赞，或者自己独立完成一件事情被赞许时，会出现不好意思、得意等表情。

2. 希望获得别人的关注。比如当孩子完成一件手工作品时，会主动告诉别人这是自己独立做好的，期望获得肯定和赞许，进而获得自尊心理满足。如果家长总是觉得孩子没有别的孩子表现好，孩子就会很挫败。

3. 被批评时会羞愧。当做错了事情被老师或父母批评，即使没有被直接点名，自尊心强的孩子也会感到羞愧和内疚，沉浸在低落情绪中。自尊心较弱的孩子对待批评没有太大反应。

4. 被误解或被人嘲笑时，情绪反应较大。当孩子被不公平对待，或者做了某件事情被小伙伴嘲笑时，自尊心强的孩子会表现出接受不了,反应比较大。当孩子出现这些表现时,父母要及时关注并给予理解和配合,保护好孩子的自尊心。

一、正常表现

1. 总体上,自我接纳水平较高。孩子能把自己过去的经历、现在的情况和未来的预期联系起来,形成对自我的一些认识,还喜欢想象一些远大的目标,比如将来要当宇航员、科学家等。

2. 很重视公平。把自己和他人做比较,更多是希望了解自己有没有得到公平对待,而非要评价自己。

3. 知道别人在评判自己。对自己是否擅长某些事有了一定的判断。只是大多时候,对自己的能力还是过于乐观。当发现自己在某些方面明显落后于别人,他们的自我接纳水平就会下降。

二、异常表现

1. 兴趣和大家不一样。这样的孩子可能会面临融入群体的挑战。这个阶段,孩子会对外界进行非此即彼的简单分类,让事物容易理解。他们对自己和其他孩子该做什么不该做什么,都有强烈意见。例如,他们会说,"那是小孩儿玩的"。

2. 从未说过自己擅长的事。如果孩子不能对自己擅长的事进行描述,或者从来不提自己对未来的梦想,可能说明自卑感已经造成了问题。

3. 总是贬低自己。如果孩子总说自己"笨""小气"或"糟糕",而且看起来伤心、易怒、缺乏活力,就可能需要通过外界帮助来克服自卑的问题。

4. 太在意别人的评价。自尊心强的孩子非常在乎别人对自己的评价,如果别人给予他的评价非常好的话,孩子就会很开心,但评价如果有一点不太好的话,就会变得斤斤计较了。还很容易因为这个缘故,受到巨大的心理打击,很长一段时间都压在心里,放不下去。比如:当别人和孩子一起玩时,突然开玩笑说了一句不太好的评价。这时的孩子就会信以为真，还会因此发脾气。其实发脾气也不是因为孩子太小气，只是因为孩子的自尊心太强了。

5. 对自己的要求太高。自尊心强的孩子往往都特别喜欢严格地要求自己，要求自己在一些方面做得比其他的小朋友都出色，以此来不断地受到老师、家长的表扬。这种感觉会让孩子感觉到十分自信。但有时，也会出现相反的情况，当孩子遇到了一个困难，别的小朋友想要去帮助解决问题时，孩子毫不犹豫地选择拒绝，这正是自尊心太强的原因。

6. 期望得到重视。自尊心强的孩子非常不喜欢别人的忽视，他们很喜欢得到别人的重视。平常的生活里，更是看不得别人对自己的白眼。在孩子的内心里，他们总是第一位的，总是需要得到别人重视的。因此这些孩子在生活中往往非常的"好面子"，原因也非常的简单，孩子只不过是想在别人的心中留下一个好的印象罢了。

尼尔森在《正面管教》中说："当我们注意维护孩子尊严、尊重孩子并且态度坚定时，孩子很快就会明白，他们的不良行为不会得到自己想要的结果，这会激励他们在保持自尊的情况下改变自己的行为。"因此，当孩子有了问题，父母希望孩子改正错误，要在尊重孩子前提下，态度和善而坚定，帮助孩子改正错误行为。

【处理方法】

（一）培养方法

艾琳·肯尼迪-穆尔博士，美国儿童和家庭临床心理学家，是儿童自尊心培养方面的专家，她为我们归纳了学龄前期孩子自尊心的培养方法。

1. 帮助掌握新技能并认可他们。这是父母在这个阶段最需要做的。因为这个年龄段的他们非常希望取悦父母。并且识字写字、简单计算等这些迅速掌握的技能和取得的进步对他们来说非常有震撼力。

2. 提供交朋友的机会和方法。友情是这个阶段孩子自我接纳的重要基石。他们非常在乎是否有朋友，但缺乏与朋友相处的经验，因为他们还不具备判断别人感受的能力。父母要多给他们创造和朋友一起玩耍的机会，并教给他们一些方法，校外一对一结伴玩耍是发展友谊的好办法。

同龄孩子的成长过程总体上存在着一般趋势，同时也存在个体差异，不可一概而论。孩子与孩子之间的差异各不相同，每个孩子的智力也不尽相同，接受知识的能力也不同。如果老师和家长们能给他们多一些机会，让他们内心那成材成长的愿望得到照亮，那每一朵小花都能绽放。尊严是孩子一生中最宝贵的东西，呵护孩子的自尊心，让他们在成长中建立自信，才能使其心灵变得强大而充满阳光。

（二）教育方式

苏霍姆林斯基曾说，我们要像对待荷叶上的露珠一样小心翼翼地保护儿童的心灵。孩子的心灵是脆弱敏感的，而自尊心的建立是孩子健康成长的重要因素。在孩子的教育中，很多父母由于不当的教育方式，可能会不知不觉地伤害着孩子的自尊心。因此，在孩子的教育中，父母要避免出现以下会伤害到孩子的自尊心的言行：

1. 不信任孩子。当孩子感到父母对自己能力的否定，就会贬低自我价值，从而使自尊心受损。孩子的自尊心受损，自信心也会受到打击，对自己的能力提高没有信心，失去前进的动力，孩子难以进步。

2. 当众批评孩子。很多父母当着众人的面批评孩子，"你真没出息""你怎么这么没用？"孩子有自尊心，孩子也有"面子"，父母当众批评孩子，撕破了孩子的面子，严重伤害了孩子的自尊心，让孩子抬不起头，产生自卑感。

3. 给孩子贴上"负面标签"。美国心理学家贝科尔说："人们一旦被贴上某种标签，就会成为标签所标定的人。"当孩子犯错了，有的父母不问青红皂白地责骂孩子,甚至给孩子贴上负面标签。

4. 父母对孩子的情感忽视。情感忽视,是临床心理学家乔尼斯·韦伯曾提出一个概念,指一种由于父母没能给予孩子足够的情感回应所造成的创伤。当孩子满怀渴望对父母表达自己的想法和心思时,父母是冷淡的,不加重视的,这种态度会打击孩子的自尊心,它会让孩子认为因为自己不够好,父母才会不关心、不回应自己。《不成熟的父母》一书中说,情感联系是我们毕生的课题,每个人都渴望表达自己,渴望被关注,被接纳。父母对孩子应给予足够的关注,让孩子觉得自己是值得被爱的,值得被关心的。

5. 对孩子打骂、指责。父母对孩子打骂、指责,是最伤孩子自尊心的一种行为。父母不问清楚直接就是一顿打。孩子长期处在父母的打骂中,除了身体的疼痛,带来的更重要的是心灵上的创伤。

过度的宠爱或溺爱,过度的夸奖或赞扬,都可能导致孩子的自尊心变得过于敏感和脆弱,反而会激起孩子内心对于自尊心的强烈保护和渴望。

第十节　开始觉醒的性别意识

家长困惑

2岁时,儿童就可以正确地运用性别标签(如男孩、女孩、妈妈、爸爸),但年幼的儿童倾向于用发型、服装等表面特征来确定性别。幼儿园的宝宝总是会问妈妈:小宝宝是怎么来的?爸爸也会生小宝宝吗?为什么男女厕所是分开的?那么,作为家长该如何正确回答孩子呢?该如何正确引导孩子的性别意识呢?

一、正常表现

1. 自我性别认同。孩子在 2~3 岁时开始意识到自己和其他孩子之间的性别差异。他们能够区分男孩和女孩,并知道自己属于哪一个性别。

2. 性别稳定观念。大约在 4 岁时,孩子认识到性别是一种稳定的特征,即一个男孩最终会长成男人,一个女孩会长成女人。在这一阶段,孩子可能会尝试模仿和参与自己性别的典型活动,比如男孩喜欢玩汽车,女孩喜欢玩娃娃。

3. 性别角色认知。从 4 岁起,孩子开始学习关于性别角色的认识。在这个时期,孩子可能对性别刻板印象产生兴趣,比如女孩喜欢粉红色、穿裙子,男孩喜欢打篮球、穿蓝色。他们开始注意性别规范和性别角色的差异。

二、异常表现

弗洛伊德认为人的性心理发展中的第三阶段为性蕾期(3~6 岁):儿童对自己的性器官感兴趣,并察觉到性别差异。男孩经由恋母情结而偏爱母亲,女孩则经恋父情结而偏爱父亲。健康的发展在于与同性别的父亲或母亲建立起性别认同感,有利于形成正确的性别行为和道德观念。如发展不顺利,则会产生性别认同困难或由此而产生其他的道德问题。

【处理方法】

父母是孩子性启蒙最好的老师。具体有以下几种方法可以对孩子进行启蒙教育:

1. 对话与沟通。家长应该鼓励孩子表达自己的感受和想法,以便及时纠正错误的观念,帮助他们建立正确的性别认同。

2. 树立榜样。家长自身的行为和态度对孩子的影响是深远的。家长应该通过自身的言行,为孩子树立积极的性别角色榜样。

3. 包容与尊重。家长应该尊重孩子的性别选择和表达方式,无论孩子选择什么样的玩具、衣服或活动,家长都应该给予支持和鼓励。

4. 公共场合引导。在公共场合，家长应该引导孩子尊重他人的性别选择和表达方式。例如，在看到不同性别的人时，家长可以告诉孩子每个人都有自己的特点和价值，应该平等对待。

5. 培养批判性思维。教育孩子批判性地看待不同文化中的性别观念和期望。让他们学会分辨哪些观念是积极的、健康的，哪些观念可能存在问题或偏见。同时，鼓励他们勇于挑战和质疑不符合性别平等的观念和行为。

6. 提供多元化教育资源。为孩子提供来自不同文化背景的书籍、电影、音乐等教育资源，让他们接触并了解不同文化中的性别角色和性别表达。

总之，孩子的性别意识对其行为和情感的发展具有深远的影响。家长和教育者都应该关注孩子的性别意识发展，并为他们提供支持和指导，帮助他们建立积极的性别认同和自我概念，以及健康的社交和情感能力。

第四章

学龄期(6～12岁)心理困扰

第一节　如何帮助孩子克服厌学情绪

家长困惑

> 孩子在学习过程中一旦遭受挫折或指责,就容易产生厌学情绪,出现自卑、注意力分散、对学习失去兴趣和信心等现象。

【处理方法】

作为家长要客观分析孩子不喜欢上学的原因,并针对性地帮助孩子。

1. 当孩子不愿写作业时,应鼓励孩子说明原因,帮助孩子解决困惑。减少催促和唠叨,更不要步步紧逼,避免孩子产生厌烦心理。

2. 让孩子养成自律的习惯。给孩子提供一个良好的自律环境,如孩子写作业时,父母不看手机,而是看书或者处理工作,让孩子向优秀的同学看齐等。

3. 让孩子树立正确的学习理念。告诉孩子,学习不仅仅可以认识广阔无垠的世界,探索未知的奥秘,还是提升自我的一个平台。学习可以帮助解决很多问题,比如通过学习,就可以知道"为什么会有白昼和黑夜之分",这样有助于激发孩子的好奇心和求知欲。

4. 建立规则,无规矩不成方圆。对于小学阶段的孩子来说,规则的制定有利于自律的形成。和孩子一起建立一套规则,明确奖惩制度。当然,奖惩不是目的,让孩子有规则意识才是最终目的。奖惩要根据每位孩子的实际情况来确定,对于奖励来说,低年龄段孩子可给予适当的物质奖励,中高年龄段孩子可给予精神方面的奖励。

5. 树立"大学习"的观念。唱歌是学习、打球是学习、练字是学习、画画是学习,只要用心,一切皆可学习。帮助孩子找到自己的长处,发现自己的闪光点。身心愉悦,快乐的学习,这样才能安心于学校的生活,进而以点带面尽可能地搞好文化学习。变换学习方式,培养孩子对学习过程的兴趣,看书、质疑、思考、练习、讨论等学习方式不断变换,读写结合、读记结合、学思结合,学问结合。

6. 鼓励孩子多和老师沟通感情。要搞好学习,理解、尊重教师,与老师沟通感情,获得老师的关心和期待。孩子对老师有亲近感、信赖感,就会把这种情感迁移到老师所教的课程上,就会喜欢听他的课,努力去完成老师所布置的学习任务,会主动争取老师的指导,取得较好的效果,从而提高学习兴趣。

第二节　如何帮助孩子学会处理与他人的情感状态

家长困惑

为什么孩子经常以"自我中心",容易和他人发生情绪碰撞,不会调节自己的情感表达,常常很受伤。

【处理方法】

进入小学阶段以后,学龄期儿童不断受到同伴之间交往规则与学校规则的影响和训练,社会经验和情感体验逐渐丰富,为儿童恰当运用情绪表达规则提供了必要条件。学会处理与他人的情感状态，就是帮助孩子学会"共情"。北宋哲学家程颐说过，遇事肯为他人想，这是第一等的学问。"共情"其实是一个复杂的概念，是一种能设身处地地从别人的角度去体会并理解别人的情绪、需要和意图的人格特质。帮助孩子学会处理与他人的情感状态，就是帮助孩子在成长的每个阶段提升相应的共情能力，帮助他们从生活经历中习得真正的共情。

1. 家长要关注和肯定孩子的情绪情感。当孩子产生某种情绪情感时，无论其正确与否，都要意识到这种情绪情感的产生是有前因后果的。要耐心倾听他的诉说，给予足够的关注和回应，让孩子感受到自己的想法和情绪在自己心里和家长眼中都是有存在的理由的，是被理解和接纳的，然后再进行适时引导。

2. 家长应该对孩子适时进行点拨和引导，为他人的行为、情感作出引起孩子共情的诠释。如狭窄的过道上，一位行动缓慢的老人使大家都放慢了脚步，挤满了人。孩子发出抱怨，妈妈说："前面的老奶奶身体不好，走路多费劲儿啊！但看到后面有那么多人，她还在努力地往前走。我们是不是可以扶着老奶奶，让她走得稍微快一些呢？"家长若能够抓住有利时机，为他人的行为与情感作出合理解释，并适时引导孩子体会他人的情感，则能够很好地向孩子传达共情的理念。这样，当孩子独自面对日常生活中出现的类似情况时，自然能够换位思考了。

3. 教育孩子从点滴做起。要教育孩子在平时学会关注他人进而关心和体谅他人，逐渐摆脱自我中心。如对做晚餐的奶奶说"辛苦啦！"对正在清扫的保洁阿姨说"谢谢！"要重视情绪情感的外化表露，通过语言清晰地表达出自己的情感，帮助孩子调整自己的情感和行为，与周围人的情感产生共鸣。

4. 为孩子创造亲近生活、体验生活、感受共情的环境。家长应该尽量为孩子创设更加"原生态"的生活环境，让孩子融入鲜活的生活中去。不要事事为他准备齐全，不妨留一些不完备之处,放手让孩子自己去做,让孩子产生帮助的需要以及得到帮助之后的感激之情。只有让他们感受过爱,才会激发其内心的爱源,其人性内在的对他人的友善与关怀才易自然萌发。

共情是自我与他人关系的核心,是社会生活的基础。在日常生活中,具备共情特质非常有助于建立健康的人际关系,拥有共情能力和习惯的人可以更好地融入社会,不易与人发生冲突,收获更多的善意,营造出更加积极和谐的交际氛围。

第三节　如何帮助孩子克服同伴评价带来的挫折感

家长困惑

对于同伴的评价,孩子们非常在乎,同伴的评价往往会影响孩子的情绪和行为,有时甚至会带来挫折感。

【处理方法】

1. 建立良好的亲子关系。家长与孩子之间的亲密关系是孩子情感支持的重要来源。当孩子遇到同伴评价带来的挫折时,家长的关心和支持能够帮助他们缓解情绪,增强自信。家长要经常与孩子沟通,了解他们的想法和感受,让他们感受到家长的关爱和支持。

2. 引导孩子正确看待同伴评价。家长要帮助孩子认识到,同伴的评价并不完全代表自己的价值。每个人都有自己的优点和不足,同伴的评价可能只是基于某些方面的观察,并不能全面反映一个人的品质和能力。家长要引导孩子正确看待自己的优点和不足,鼓励他们积极面对自己的不足,努力改进。比如,同伴说他在课堂上的发言不够积极,孩子因此感到有些自卑和沮丧。父母可以这样说:我知道你在意同伴的看法,这说明你很重视与同伴的关系。他提到你在课堂上发言不够积极,可能是希望你能够更勇敢地表达自己的想法。你可能在某些课堂上比较害羞,你可以试着在下次课堂上,提前准备一些想要分享的观点,这样你会更有自信地发言。同时,你也可以和同伴沟通,告诉他你正在努力改进,并感谢他的建议。

3. 培养孩子的自我认知能力。自我认知是指孩子对自己的了解程度。当孩子对自己的性格、能力、兴趣等方面有了更清晰地认识时,他们就能更好地应对同伴的评价。家长可以通过与孩子一起进行自我评价、反思和讨论,帮助他们建立正确的自我认知。

4. 教给孩子情绪调控的方法。情绪调控是帮助孩子克服挫折感的关键。家长可以教给孩子一些情绪调控的方法,如深呼吸、积极思考、寻求支持等。这些方法可以帮助孩子在遇到挫折时,有效地调节情绪,保持冷静和理智。

5. 引导孩子树立正确的价值观。家长要引导孩子树立正确的价值观,让他们明白真正的价值不在于他人的评价,而在于自己的努力和成长。家长可以通过日常生活中的点滴教育,让孩子懂得尊重他人、理解他人,同时也懂得自我尊重和认识自我价值。

第四节 如何与孩子成为朋友

家长困惑

随着孩子年龄的增长,接触的事物越来越多,好奇心和求知欲也越来越强,他们已经不满足于对外界的单纯地听、看、触摸,而是出现了更高层次的需求——心理需求。回家与父母说的话越来越少,甚至一言不合就发生争执,对家长提出的要求也只是表面敷衍,这让家长们非常困扰,不知用怎样的方式,才能孩子有效沟通,真正了解孩子。

【处理方法】

作为与孩子关系最为亲密的父母一定要透过现象看本质，洞察孩子的心理需求，有效地进行沟通，这样才能和与孩子成为真正的朋友。

1. 给予孩子尊重。尊重是建立良好亲子关系的重要条件，包括尊重孩子的现状、人格、权利、隐私、意见、选择等，它表示对孩子的接纳、关注和爱护。著名心理学家罗杰斯说，要"无条件地尊重"人，对孩子更要这样。父母在处理与孩子有关的事情上，记得要问问孩子，要学会倾听孩子说话，倾听孩子的意见，从孩子的角度思考他们是怎么想的，他们容易接受的办法是什么，这样才能更好地满足孩子的需求。

2. 把孩子当成具有独立人格的人，以平等的态度对待孩子。父母要学会"蹲下来"，不只是指在生理的高度上尽量与孩子保持相同的高度，更重要的是指在心理上的高度要平等，要用认真而亲切的态度，平等地把孩子看成一个同样需要尊重的独立的个体。只有父母在心理上不再居高临下，与孩子完全处于平等的地位时，孩子才会把他的真实想法告诉你。当教育孩子的时候，父母可以蹲下来直视孩子的眼神，与他进行沟通，因为你只有通过孩子的表情才能判断你的批评是否对孩子有效。当你蹲下来和孩子差不多高度时，孩子内心的担忧和恐惧都会有所缓解，他也会把实话告诉你；当你蹲下来和孩子差不多高度时，孩子会与你坦诚相见，与你分享所有的喜怒哀乐；当你蹲下来和孩子差不多高度时，孩子才把你当成朋友，真诚地沟通与交流。

3. 作为父母，要经常学会微笑。在孩子起床时笑一笑，孩子放学回家时笑一笑，与孩子说话时笑一笑。让微笑成为你的习惯，让微笑拉近你与孩子的距离。微笑是世界上通用的、最好的语言，放松、愉快的表情，给人以亲切感，易于让人接近；反之，板着面孔，就会让孩子望而生畏，敬而远之。不好的表情影响孩子的情绪,给孩子带来极大的心理负担。

4. 善用说话的目光。眼睛是心灵的窗户,柔和、热诚的目光,给人夸奖;埋怨、责怪的目光,使人不安;亲切、和蔼、信任、期待的目光,让正在努力的孩子受到鼓舞,让困难中的孩子看到希望、增加勇气和力量,让有缺点和错误的孩子,感到温暖,增加上进心。交谈时用目光注视孩子,孩子就会感到受到尊重和在意。

5. 家长说话时要体现"四感"。要说自己的话,体现个性。父母说话要体现自己的特点,不人云亦云,不说领导式的话,体现自己独特的风格。要说新鲜的话,体现时代感。社会在发展,时代在前进,新生事物层出不穷,孩子接受新鲜事物也特别快,家长需学习新知识、了解新信息、熟悉新语言。要说需要的话,体现满足感。有需求才有愿望,有愿望才有满足,只有满足孩子的心理需要,孩子才愿意听你的话。要说具体的话,体现实在感。现在的孩子最反感大话、套话、空话,最喜欢听最实在的话。

第五节　如何与孩子分享情绪,
建立和谐亲子关系

家长困惑

当孩子难过、伤心时,怎么做才能让孩子觉得爸爸妈妈是关心他的,如何让孩子也愿意和家长倾诉、分享、交流。

【处理方法】

1. 勤交流,做孩子的倾听者。家长不要认为自己的经验阅历丰富,习惯用自己的想法对孩子进行情绪说教,而忽视了孩子内心真正的想法,导致孩子与自己之间关系疏远,影响到孩子的心理健康。其实人无论是快乐的还是难过的情绪都希望能有人分享,对于孩子而言,更是如此。当他们有开心的事情时渴望即刻告诉别人,当难过的时候也会立马找人倾诉。家长作为最亲近的人,要扮演好倾听者的角色,在孩子分享的过程中,保持平等的身份,站在孩子的角度思考,不轻易打断孩子,不随便训诫孩子,当孩子的情绪分享完后,再发表自己的想法。这会让孩子感受到被尊重,被关注,有助于建立更加亲密的亲子关系。

2. 理解孩子的心理诉求,提出中肯的建议。学龄期的儿童情绪起伏变化大,来得快,去得也快,家长要学会观察孩子的情绪,发现孩子的心理诉求时直接表达出来,让孩子对自己产生信任,或引导其在分享过程中说出自己的心理诉求,例如,孩子大笑时,"你肯定遇到了特别开心的事",孩子难过时,"你好像不太开心,发生了什么能和我说说吗",就这样简单的几句话,就能让孩子与自己分享情绪的同时,建立健康的情绪表达方式。等孩子诉说完毕后,家长别忘记针对孩子的情绪提出中肯的建议,帮助他们更好地理解和处理情绪。但是,这种引导和教育应该是建立在尊重和理解的基础上,而不是强行灌输或指责。

3. 关注孩子的心理健康,及时寻求专业帮助。孩子的心理健康是成长过程中的重要一环,家长要时刻关注孩子的情绪变化和心理需求。如果发现孩子出现持续的情绪低落、焦虑不安等问题,或者在与孩子的沟通中遇到困难,家长应该及时寻求专业心理咨询师或心理医生的帮助,以便得到更加科学有效的指导。

第六节　如何对孩子进行性教育

家长困惑

学龄期的儿童会提出各种各样的问题,其中部分问题是涉及性教育的敏感话题,家长你知道应该如何回答吗?你认为性教育的知识应该从何谈起?

【处理方法】

1. 家庭是学龄儿童接触和识别性别差异的重要场所,更是儿童接受性教育的重要来源。家庭在这一阶段的性教育过程中具有无可替代的作用,做好学龄儿童家庭性教育不仅能够促进个体身心的健康发展,而且能为青春期性教育奠定良好基础。著名儿童教育专家孙云晓认为:在小学二三年级就对孩子进行性知识教育是非常好的黄金时期,那时讲阴茎、阴道、子宫就像讲杯子一样对他们来说都是知识。

2. 家长可以在生活中多留意孩子的性教育需求,在日常生活中渗透性教育的相关内容。学龄儿童有多种渠道接触各种类型的词汇,如网络、课外书,甚至马路边的广告牌。他们并非存心"挑衅",而是出于好奇发问。这是非常宝贵的性教育时机。例如,当电视剧播放亲密画面时,父母应抓住时机告知孩子亲密行为发生的条件和可能造成的后果等知识。当儿童的好奇无法从家庭、学校等正规渠道获得解答时,他们会采用自己的方法找答案,但却不知道如何分辨、判断信息的准确性。所以作为家长一是要了解儿童为什么会提问。了解具体原因,才能够更加精准地回答儿童提出的问题,并及时排查周边是否存在安全风险。其二是要客观、实事求是地解释词语意思。

3. 由于性教育的特殊性,家长应改变传统的说教方式,回答儿童有关性问题时,千万不要欺骗孩子,也不要从成人的视角去解读问题,因为孩子的思维方式还是直观、具体的。当孩子对自己身体好奇时,可以选择给孩子看《我们的身体》《这样做,不可以》等绘本。小学高年级的女生,身体开始进入青春期,但是出于颜面又不好意思跟家人去说时,家长可以选择给孩子阅读《乳房的故事》《成长与性》等,妈妈教会女生月经期卫生保健、痛经的预防和处理方法,爸爸告诉男生变声、遗精是长大的标志。

第七节　如何让孩子尽快适应学校

家长困惑

从幼儿园进入小学，孩子们踏入了新的学校环境，新奇的同时也会有恐惧。如何做才能帮助孩子尽快适应学校环境，减少焦虑和压力，促进他们的身心健康。

【处理方法】

1. 做一名"陪伴者"。从儿科心理学的角度来看，孩子进入新环境时，会经历一系列的适应过程。在这个过程中，家长的陪伴和引导显得尤为重要。这时家长可以和孩子一起讨论对新学校的憧憬，增加他们对新学校的期待。当孩子在提到新学校时如果产生担忧或不安，甚至焦虑和紧张情绪时，家长要耐心倾听，理解孩子的感受，给予积极的支持和鼓励。

2. 为孩子提供"新手指南"。家长可以做一份"新手指南"，指导孩子一些具体的适应策略。例如，教孩子如何与同学建立友好关系，如何向老师寻求帮助，以及如何在遇到困难时保持积极的心态。这些策略不仅可以帮助孩子更好地适应学校环境，还能提升他们的社交能力和解决问题的能力。

3. 做好孩子的"后勤主任"。俗话说吃得好才能睡得好，睡得好才能做得好。健康的身体，就像是孩子在新环境里的坚实后盾。家长们在日常生活中，要时刻关注孩子的饮食均衡营养，每天的饮食应尽量包含五大类食物：谷物、蔬菜、水果、乳制品和蛋白质。睡眠要充足安稳，养成良好的作息习惯，早睡早起，保证每晚 8~9 小时的睡眠时间。睡眠环境要安静、舒适，避免噪声和强光的干扰。避免睡前过度使用电子产品，以免影响睡眠。运动要适量有益，对于儿童和青少年来说，每天至少要进行

60分钟的中等强度运动。这样,孩子才能有充足的能量和旺盛的精力,去应对新环境带来的各种挑战。

4. 做好教师的协作者。家长与老师要保持良好的沟通,当好老师的协作者。通过定期与教师交流,深入了解孩子在学校的具体表现和情况,这样便能更准确地把握孩子的学习进度和适应状况。一旦发现孩子存在问题或困扰,家长应迅速与老师共同商议,寻找合适的解决方案,确保孩子能够顺利成长。此外,积极参与学校的各类活动,在与孩子共同体验学校生活快乐的同时,不仅增进了亲子之间的情感联系,还能更全面地了解学校的教育理念和教学方法,从而更好地支持孩子的学习和成长。值得注意的是,每个孩子都是独特的个体,他们的适应能力和方式也各不相同。因此,家长在帮助孩子适应学校环境时,要尊重孩子的个性和需求,避免一刀切的做法。同时,也要给予孩子足够的时间和空间去探索和成长,相信他们有能力面对困难和克服挑战。

第八节　如何帮助孩子做好时间管理

家长困惑

孩子上学后,做作业成为每天必需的环节,但是,多数的孩子都有磨蹭的情况,这让家长难以忍受。当孩子磨蹭时,父母表现得特别着急,时常责骂孩子,催促孩子加快速度,但是孩子磨蹭的问题并没有得到真正的解决。

【处理方法】

父母必须以平和的情绪来对待孩子的磨蹭问题,学会积极地引导,帮助孩子树立正确的时间观念,高效地做事和学习,合理安排孩子的学习时间。

1. 让孩子正确认识时间的价值。父母应该通过某些事情或是某种途径来告诉孩子时间是最宝贵的,要学会珍惜时间。还可以让孩子去分析相同的时间,做不同的事情,所带来的不同的价值,让孩子明白每个人的时间是均等的,关键在于我们如何去利用它。

2. 父母可以和孩子一起制定一张作息时间表。什么时间起床,洗漱要多长时间,吃早餐要多长时间,放学后先做什么,然后做什么,几点睡觉等,都可以让孩子做出合理的安排。孩子往往分不清自己要做的事情的重要程度,父母可以给孩子建立时间规划表,列清单,按重要且紧急的事、重要但不紧急的事、不重要不紧急的事这样的顺序进行排列,并按照重要且紧急的事情先做,不重要不紧急的事可以不做的原则来规划时间。在孩子的房间放置时间沙漏,设置一个相对的时间,督促孩子完成作业或其他必须做的事,以此培养孩子自我思考、自我规划的能力。

3. 教孩子有效率地利用时间。孩子往往善于模仿,容易受周围环境的感染,所以父母要以身作则,带领孩子做事情的时候要有时间观念,并将这种按时守时完成工作的观念传达给孩子。父母可以让孩子注意观察自己的特点、掌握自己的最佳学习时间,然后把重要的学习内容安排到最佳时间里去学习。根据科学研究,在不同的时间里,人的体力、情绪和智力状态是不一样的。也就是说,不同的学习时间里,学习的效果是不一样的。因此,要在不同的时间里安排不同的学习活动。

4. 培养孩子良好的行为习惯。可以利用时间奖惩机制来刺激孩子,要求他在规定时间内完成自己要做的事。在此期间,可以采用比赛的方式,并且在比赛中故意输给孩子,增强孩子的自信心,也可以在孩子积极做某件事情并按时完成时给孩子一定的奖励。适时地表扬孩子,让他觉得按时完成事情是光荣而且快乐的。对于没有时间观念的孩子,父母尽量不要干扰他的学习,如果孩子已经能够在一定的时间内保质保量地完成学习任务,父母就应该及时给予肯定和鼓励。当孩子没有按规定去做时,父母则必须给予应有的惩罚。

第九节　如何教孩子应对校园霸凌

家长困惑

当校园霸凌发生时,我们怎么做才能保护孩子的身体和心灵不受伤害呢?

【处理方法】

1. 家长要多与孩子沟通,及时了解孩子的生活,增加彼此间的信任。一方面,家长在与孩子沟通的过程中能更容易发现孩子是否遭受了霸凌;另一方面,孩子在遇到霸凌时需要得到情感上的支持和理解,寻求心理依赖。此时,家长作为孩子最信任的人,就能第一时间了解孩子的想法和心理状态,给予疏导和指引。

2. 给予自我保护技巧和策略指导。家长可以通过一些训练提高孩子的自我保护能力。可以通过角色扮演等方式练习如何在霸凌发生时保持冷静和自信;参加社交技能和自我防卫的课程,帮助孩子建立自我保护的能力;让孩子知道,当对方过于强大时,要学会巧妙避免冲突,机智逃脱;教导孩子认识到自己的权利,在遭受霸凌时及时寻求家长和老师的帮助。

3. 提供心理帮助。当孩子遭受严重的霸凌时会出现一些严重的心理问题,那就需要专业的心理医生介入,提供心理支持。心理医生能够通过观察孩子的行为变化,对话等方式发现孩子的心理症结,再通过认知行为疗法等方法帮助孩子处理负面情绪,增强应对能力。在某些情况下,药物治疗也可能是必要的,以缓解焦虑或抑郁症状。

在孩子的成长过程中,校园霸凌是一个无法回避的焦点问题。而我们能做的就是力所能及地为孩子们营造一个更加安全、和谐的校园环境，教会孩子自我保护的方法和策略，尽最大可能保护每一个孩子的身心健康。

第十节　如何培养孩子良好的学习习惯

家长困惑

孩子自律性差，学习成绩总提不上去，怎样培养孩子良好的学习习惯呢？

【处理方法】

1. 提高兴趣，让学习成为乐趣。对于孩子来说，当对某件事情充满兴趣时，他们会更加投入和专注。家长应该观察孩子的行为和表现，了解他们真正的兴趣所在，并尊重孩子的兴趣和爱好，然后以此为切入点，引导他们去探索和学习相关领域的知识，努力激发孩子对学习的兴趣，让他们从心底里喜欢学习。家长也可以多设计一些活动，如参观博物馆、图书馆等文化场所，进行有趣的科学实验、手工制作等，让孩子在轻松愉快的氛围中感受学习的乐趣。

2. 及时鼓励，正确夸奖。一旦发现孩子有值得称赞的表现，不论是完成了一项任务，还是展现了某种特质，都应该立刻给予鼓励。此时孩子会觉得自己的努力和成就被看见，充满自豪感，这会极大增强他们学习的动力，激发出无限潜能。在夸奖孩子时，家长要保持内心的真诚和欣赏，要针对他们的具体行为进行表扬，而不是泛泛而谈。比如，可以说："你这次作业做得真棒，字迹工整，思路也很清晰。"这样的夸奖，能够让孩子明确自己哪里做得好，进而在未来的学习中继续保持和发扬。

3. 建立良好亲子关系,做他们的榜样。学龄期的孩子模仿能力极强,家长的行为、态度和价值观,都会成为他们塑造自我、认识世界的重要参考。家长可以以身作则,在家中保持阅读的习惯,孩子自然会模仿,逐渐培养起对书籍的热爱。另一方面,家长还可以通过与孩子的互动来引导他们形成良好的学习习惯。例如,定期与孩子一起制定学习计划,帮助他们规划好每天的学习时间和任务。每天,我们都可以抽出时间,与孩子共度一段宁静而愉快的时光,减少对他们的指责和说教,这样我们便能更加敏锐地捕捉到孩子的闪光点,并及时给予他们应有的表扬和鼓励。

良好的学习习惯,是孩子未来成功的基石,它将伴随孩子一生,助力他们攀登知识的高峰,实现自己的梦想。所以,家长应以爱为纽带,以陪伴为桥梁,用科学的方法和细心地引导,帮助孩子建立起良好的学习习惯。

第十一节 如何让孩子放下手中的电子产品

家长困惑

在这个数字时代,电子产品就像一块磁力无穷的魔法石,吸引着孩子们的目光,让他们欲罢不能。如何让孩子放下手中的电子产品呢?

【处理方法】

1. 转移注意力。寻找与孩子兴趣相关的书籍、教具或线上课程,让学习变得有趣而富有吸引力。与孩子一起制定学习目标,让他们明白学习的重要性和目的。通过提供多样化的学习资源,家长可以引导孩子发现学习的乐趣,从而减少对电子产品的依赖。

2. 家长可以鼓励孩子参与户外运动、艺术创作、阅读书籍等有益身心的活动。这些活动不仅能让孩子体验到不同的乐趣，还有助于培养他们的创造力和想象力，分散他们对电子产品的注意力，久而久之，孩子自然会放下手中的电子产品。

3. 限制屏幕使用时间，筛选合适的屏幕内容。家长在引导孩子放下电子产品时，可以设定具体且合理的电子产品每天使用时间限制。在平等的前提下与孩子坐下来进行一场开放、诚实的对话，了解他们使用电子产品的习惯和喜好。然后双方协商，制定一个双方都能接受的时间表，比如每天不超过1小时的电子产品使用时间，并明确这个时间是用于学习还是娱乐。在执行这个时间限制时，家长需要保持坚定的态度，并时刻监督孩子的执行情况。

4. 除了设定时间限制，家长还要关注孩子使用电子产品的内容。选择那些有益于儿童身心发展的屏幕内容，比如教育类APP、科普节目或者适合孩子年龄的动画片。同时，要警惕孩子过度暴露于暴力、低俗等不良信息中，定期检查孩子的浏览记录和下载内容，确保他们在一个健康的网络环境中成长。

5. 以身示范减少电子产品的过度使用。家长自身要减少过度使用电子产品的行为，成为孩子学习的榜样。家长可以主动分享自己减少屏幕使用时间的方法和经验，鼓励孩子效仿并养成良好习惯。

第十二节　如何激发孩子的学习兴趣

家长困惑

孩子性格比较活泼，但遇到学习，就显得很被动。课堂上老师的提问，像旁观者漠不关心，从不主动举手回答问题。不懂的问题不愿意动脑筋，不肯问老师同学，不懂装懂。不主动完成作业,总要在家长的催促下才写。作业完成敷衍了事,甚至有时还会偷工减料。总是认为学习是家长的事,觉得作业是一种负担。

一、正常表现

学习过程中产生的一种积极、主动的心理状态。

1. 好奇心旺盛。对学习有兴趣的孩子总是充满好奇心,他们渴望了解新的知识和信息。无论是课本上的知识还是生活中的事物,他们都会主动地去探索、去挖掘背后的原理。

2. 主动学习。有兴趣学习的孩子通常会主动学习,他们会自觉地安排学习时间,寻找适合自己的学习方法。即使在学习过程中遇到困难,他们也会坚持不懈地克服,而不是轻易放弃。

3. 积极参与课堂讨论。在课堂上,对学习有兴趣的孩子通常会积极参与讨论,提出自己的见解和疑问。他们愿意与同学和老师交流思想,共享学习成果。

4. 投入度高。对学习有兴趣的孩子会更加专注于学习内容,不容易被外界干扰。

5. 乐于分享。有兴趣学习的孩子通常乐于与他人分享自己的学习成果。通过分享来巩固自己的理解,同时也帮助他人拓宽视野。

6. 持续改进。对学习有兴趣的孩子会持续关注自己的学习进步,及时反思和总结。他们会寻找自己在学习中的不足,努力改进,以便更好地掌握知识。

二、异常表现

1. 注意力不集中。学龄儿童缺乏学习兴趣的一个明显表现就是注意力不集中。这些孩子在上课或做作业时,很容易分心,无法长时间专注于学习任务。他们可能会频繁地环顾四周,寻找其他有趣的事情，或者做与学习无关的小动作。

2. 缺乏主动性。缺乏学习兴趣的孩子往往缺乏主动性，不愿意主动参与到学习中来。他们可能不会主动提问、主动寻求答案，也不会主动完成作业。在面对学习任务时，他们可能会表现出抵触情绪，甚至逃避学习。

3. 成绩下降。当孩子缺乏学习兴趣时，他们的学习成绩往往会出现明显的下滑。因为他们没有足够的动力和意愿去学习，所以在课堂上无法充分吸收知识，也无法在考试中取得好成绩。这种成绩下降的趋势可能会对孩子的自信心和自尊心产生负面影响。

4. 对学习产生抵触情绪。缺乏学习兴趣的孩子可能会对学习产生抵触情绪。他们可能觉得学习是一件枯燥乏味的事情，无法从中找到乐趣和成就感。这种抵触情绪可能会导致他们更加不愿意学习，形成恶性循环。

5. 缺乏自信。长期缺乏学习兴趣可能导致孩子在学习上缺乏自信。他们可能会觉得自己不如其他同学聪明，无法取得好成绩。这种缺乏自信的状态可能会进一步削弱他们的学习兴趣，使他们在学习上更加消极被动。

6. 社交问题。有些缺乏学习兴趣的孩子可能还会出现社交问题。他们可能不愿意与同学交流、合作，或者在集体活动中表现出退缩、孤僻的特点。这种社交问题可能会影响他们的心理健康和人格发展。

【处理方法】

激发学龄儿童的学习兴趣需要家长和教育工作者共同努力。学习的兴趣、学习主动性不是教出来的，而是培养出来的。学龄阶段是培养良好学习习惯的关键时期。

1. 尊重孩子发展的规律。孩子左右脑发育的规律，7 岁之前是右脑智力发育的阶段。7～11 岁是左脑智力发育阶段。这只是一个普遍的规律，并不是说孩子到了 7 岁就一定是左脑发育开始,有的孩子可能发育晚一点儿,学习会有点吃力,这时父母就会着急批评指责孩子,甚至打骂孩子。在这样糟糕的情绪之中,孩子怎么可能喜欢上学习? 每当他学习的时候,会想到那样一种糟糕的事情,进而就会把糟糕的情绪和学习联系起来,他就会厌恶学习。

2. 要让孩子明白,学习是自己的事情,不是爸爸妈妈的事情。

3. 要培养孩子学习的好心态。如果孩子在学习中遇到了挫折,父母能积极理性地鼓励孩子,孩子会产生愿意学好的心态。

4. 在生活中培养孩子学习的兴趣,学习无处不在。当孩子对生活中某活动或某事物感兴趣时,应让孩子积极感受从活动中获得的愉悦感,这有利于培养孩子的学习兴趣。

5. 为孩子创造积极的学习环境。营造一个安全、舒适且充满趣味的学习环境。家长可以装饰儿童的学习空间,添加一些他们喜欢的元素,如卡通人物、色彩鲜艳的墙纸等。此外,要为孩子提供充足的学习资源,如图书、教育软件等,以满足他们的好奇心和求知欲。

6. 鼓励孩子参与活动。多让学龄儿童参与各种活动,尤其是他们感兴趣的活动,有助于激发他们的学习兴趣。家长可以带孩子参观博物馆、动物园等地方,或者参加各种兴趣小组和社团活动。不仅可以让孩子学到知识,还能提高他们的动手能力和社交技能。

7. 设定明确的目标和奖励机制。为孩子设定明确的学习目标,并建立适当的奖励机制,有助于激发他们的学习动力。家长可以与孩子一起制定学习计划,设定短期和长期目标,并为达到目标的孩子提供奖励。

8. 提供具有挑战性的学习任务。为学龄儿童提供具有挑战性的学习任务,有助于激发他们的求知欲和自信心。家长可以根据孩子的实际情况，为他们安排一些适当难度的任务，如阅读一本适合他们年龄段的书籍、解决一个数学难题等。完成任务后，家长要及时给予肯定和鼓励，让孩子感受到自己的进步和成就。

9. 引导孩子掌握有效的学习方法。教给孩子有效的学习方法，可以帮助他们更好地掌握知识，提高学习效率。家长可以通过示范、讲解等方式，引导孩子逐步掌握这些学习方法，并鼓励他们在学习过程中不断尝试和创新。

第十三节　如何帮助孩子学会情绪管理

家长困惑

孩子在面对一些日常情境时，为什么会频繁发脾气、易怒、焦虑、激动或沮丧？他们的情绪反应可能与情境的严重程度不匹配，或者持续时间过长。不愿意与他人交流、不喜欢参加集体活动，或者在社交场合中过于害羞和退缩。他们可能会面临与同龄人建立和维持良好关系的困难。

一、正常表现

（一）学龄儿童情绪发展的特点

1. 情绪表达能力增强。学龄儿童逐渐懂得用语言表达自己的情绪，并且能够辨别不同的情绪，如喜悦、愤怒、悲伤等。他们开始能够用言语描述自己的内心世界，并与他人分享自己的感受。这不仅有助于他们更好地理解自己的情绪，还能帮助他们建立更良好的人际关系。

2. 情绪的复杂性增加。随着成长，学龄儿童的情绪变得更加复杂多样。他们可能同时感受到多种情绪，如既兴奋又紧张、既快乐又难过。他们开始体验到更多需要处理的情绪冲突，也让他们更容易陷入情绪起伏的状态。

3. 情绪的世界观塑造。学龄期孩子的情绪体验开始受到一些外部因素的影响，如学业压力、同伴关系、家庭环境等。这些因素会塑造他们对情绪的看法和态度。例如，一个经常被指责、受到压力的孩子可能会产生自卑、沮丧的情绪。而一个得到充分关爱和支持的孩子则有可能更加积极乐观。

4. 情绪变化的不可预测性。学龄期的孩子情绪变化往往比较突然，而且难以预测。一会儿他们可能兴高采烈，一会儿又可能突然变得愤怒或悲伤。这种情绪变化的不可预测性常常让他们的家长和老师受到挑战。

5. 社会影响的增加。随着学龄期在学校和社会环境中的成长，他们开始非常在意同伴的看法和意见。这也导致学龄儿童在情绪表达和管理方面可能面临一些挑战，比如会因为同伴的反应而产生焦虑、自卑等负面情绪。

(二)常见表现

1. 难以专注于任务，常常分散注意力或易被干扰。这可能会影响他们在学习和执行任务时的表现。

2. 抱怨头痛、肚子痛、胸闷、恶心等，但身体健康检查结果正常，这可能与心理压力和情绪问题有关。

3. 常常有睡眠问题。他们可能难以入睡，夜间醒来频繁，睡眠不安宁，或者早醒。这些问题可能会影响他们的精力和注意力，进一步加剧情绪问题。

4. 表现出情绪低落和抑郁的症状如持续的心境沮丧、兴趣减退以及愉悦感缺乏。他们可能对日常活动失去兴趣，表现出消极的态度和行为。

5. 能担心日常事务、学校表现、社交关系等，表现出担忧、紧张、害怕等情感体验。恐惧症也可能表现为对特定事物或情境的过度恐惧和回避行为。

6. 出现攻击性、破坏性、退缩性或回避性的行为。

7. 表现出不适当的情绪表达方式。过于哭闹、大声喊叫或发脾气，或者相反，表现出沉闷、沉默不语、退缩等行为。

二、异常表现

1. 焦虑。学龄儿童可能会表现出过度的担心和不安，常常担心日常事务或未来的事件。他们可能会变得退缩、回避社交场合，或者在面对新的情境和任务时感到不安。此外，焦虑还可能表现为身体症状，如头痛、肚子痛或其他不适感。

2. 抑郁。儿童抑郁症可能表现为持续的悲伤或绝望感，对日常活动失去兴趣，或者感到无助和自责。他们可能会表现出疲倦、睡眠障碍、食欲改变或注意力难以集中等症状。

3. 易怒和暴躁。学龄儿童可能会因为小事而大发雷霆，或者经常表现出不耐烦和易怒的情绪。他们可能会对家人、朋友或老师产生敌对态度，或者经常与人发生冲突。

4. 行为问题。情绪问题可能表现为行为问题，如逃学、破坏性行为、攻击性行为或退缩行为。他们可能会变得难以控制，经常违反规则或拒绝服从命令。

5. 社交问题。学龄儿童可能会表现出社交障碍，如难以与他人建立关系、难以理解他人的情感或意图，或者缺乏社交技能。他们可能会变得退缩、孤独或不合群。

【处理方法】

情绪人人都有，尤其是学龄期儿童，家长要帮助孩子学会管理自己的情绪。所谓情绪管理就是善于掌控自我、调节情绪，对生活中矛盾和事件引起的反应能适可而止地排解，能以乐观幽默的态度及时地缓解紧张的心理状态。

1. 注意力转移法。注意力转移法就是把注意力从引起不良情绪反应的刺激情境，转移到其他事物上去或从事其他活动的自我调节方法。当出现情绪不佳的情况时，要把注意力转移到使自己感兴趣的事上去，如外出散步、看电影、听音乐、读书等,以使情绪平静下来,在活动中寻找到新的快乐。这样做一方面终止了不良应激源的作用,防止不良情绪的泛化、蔓延;另一方面,通过参与新的活动,特别是自己感兴趣的活动,而达到增强积极的情绪体验的目的。

2. 心理暗示法。从心理学角度讲,就是个人通过语言、形象、想象等方式,对自身施加影响的心理过程。我们还可以充分利用语言的作用,用内部语言或书面语言对自身进行暗示,以缓解不良情绪,保持心理平衡。比如默想或用笔在纸上写出下列词语:"冷静""三思而后行""制怒""镇定"等。在发怒时,你可以暗示自己"发怒会把事情办坏的"、陷入忧愁时,提醒自己"忧愁没有用,于事无益,还是面对现实,想想办法吧"等。实践证明,在松弛平静、排除杂念、专心致志的情况下,这种暗示对人的不良情绪和行为有着奇妙的影响和调控作用,既可以松弛过分紧张的情绪,又可用来激励自己。

3. 改变认知。人一生中不可能每个期望都实现,这是客观事实。例如成绩不满意不要紧,说明你还有很大的提升空间,同时也说明你还是挺积极上进的。你是希望在考试前不会的问题暴露得多,还是希望这些问题都隐藏起来呢? 其实,答案是肯定的,每个人都希望在考前发现自己存在的问题,然后有针对性地去解决这些问题。

4. 适当宣泄以避免不良情绪的影响。情绪既然是人们生活中的必然现象,就应当使之有适当的表现机会。遇有情绪困扰,向好友倾诉,使心中抑郁得以宣泄,会让人顿感轻松,还可以利用情绪的升华作用,发奋工作,使由于紧张而积累的"能"得以释放,从而缓解不良情绪的发生,也不失为一良策;还可以注意体育锻炼,将不好的情绪在运动场上释放。

第十四节　如何帮助孩子克服畏难情绪

家长困惑

　　学龄儿童的成长过程中,面临着来自学习、生活、社交等许多方面的挑战。其中,畏难情绪是一种常见的心理现象,这种情绪不仅影响学习,还可能对他们的心理健康和未来发展产生负面影响,当孩子出现畏难情绪时家长应如何帮助孩子?

一、正常表现

　　1. 情绪波动。当遇到难以解决的问题时,学龄儿童可能会出现情绪波动,如烦躁、沮丧或哭泣。这是因为他们可能感到困惑、无助或不安,需要通过情绪来表达自己的感受。

　　2. 逃避行为。面对困难,一些学龄儿童可能会选择逃避,如拖延完成任务、找借口不参加活动等。这种行为是他们试图避免面对自己的不足和失败感。

　　3. 依赖他人。在遇到困难时,学龄儿童可能会更加依赖父母、老师或同学的帮助。他们希望通过他人的支持和指导来解决问题,减轻自己的压力。

　　4. 缺乏自信。畏难情绪可能使学龄儿童对自己的能力产生怀疑,从而缺乏自信。他们可能担心自己无法完成任务,或担心自己的表现会受到他人的嘲笑或批评。

　　5. 学习兴趣下降。面对困难和挑战,学龄儿童可能会对学习活动产生厌倦或抵触情绪。他们可能觉得学习变得枯燥无味,失去了探索和学习的热情。

二、异常表现

（一）学习方面的异常表现

1. 逃避学习。儿童可能会故意拖延学习时间,找各种借口不完成作业或学习任务。对学习活动的抵触情绪,甚至拒绝上学。

2. 注意力不集中。当儿童面临困难的学习任务时,很难保持长时间的注意力。频繁地分心、走神,导致学习效率低下。

3. 学习成绩下降。学习上缺乏自信,进而影响他们的学习表现。长期下去,他们可能会在学习成绩上出现明显的下降。

(二)行为方面的异常表现

1. 情绪低落。表现出明显焦虑、沮丧等,或者长时间处于情绪低落状态。

2. 退缩行为。儿童在社交场合中表现出退缩行为。他们可能会避免与同学交流、参加集体活动,甚至不愿意尝试新事物。

3. 攻击性行为。在某些情况下,儿童可能会用攻击性的方式来应对困难和挫折。他们可能会对身边的人或物品发脾气,甚至出现打人、破坏东西等行为。

(三)生理方面的异常表现

1. 失眠或嗜睡。

2. 食欲不振或暴饮暴食。可能会因为情绪低落而失去食欲,或者因为寻求安慰而过度进食。

3. 身体不适。长期的畏难情绪可能导致儿童出现身体不适的症状,如头痛、胃痛等。

(四)心理方面的异常表现

1. 回避任务。当孩子面对学习或生活中的困难任务时,可能会选择回避,也不愿意面对具有挑战性的任务。

2. 缺乏自信。面对困难时表现出自卑、沮丧或焦虑的情绪。

3. 注意力分散。畏难情绪会使孩子难以集中精力去解决问题。

4. 害怕尝试新事物。由于担心失败或受到批评,孩子可能害怕尝试新的学习领域、技能或活动。他们可能会固守自己熟悉的领域,不愿意挑战自己。

5. 依赖他人。孩子可能会过度依赖父母、老师或其他成人的帮助来解决问题，而不是自己努力尝试。

【处理方法】

1. 增强自信心。鼓励儿童发挥自己的优点和特长，让他们体验到成功的喜悦，从而增强自信心。要给予儿童充分的肯定和鼓励，帮助他们树立积极的心态。

2. 减轻学习压力。关注儿童的学习状态，合理安排学习任务。要引导儿童正确看待学习成绩，注重培养他们的学习兴趣和自主学习能力。

3. 营造良好的家庭环境。家庭成员之间要保持良好的沟通和互动，营造温馨、和谐的家庭氛围。家长要给予儿童足够的关爱和支持，帮助他们面对困难和挑战。

4. 加强社交技能培养。引导儿童学会与人相处，建立良好的同伴关系。对于遇到欺凌等问题的儿童，要及时给予关爱和帮助，缓解他们的心理压力。

学龄儿童出现畏难情绪是一种常见的心理现象，需要家长和老师给予足够的关注和重视。通过了解畏难情绪的原因，采取针对性地干预措施，可以帮助儿童克服畏难情绪，提高自信心和学习效果。同时，更要关注儿童的心理健康，为他们提供支持和帮助，促进他们健康成长。

第十五节　如何让孩子成为一个守信、有责任心的人

家长困惑

为什么孩子有时候做不到信守承诺，对待事情没有责任心？

一、正常表现

1. 关心家人。儿童能够关注家人的需求和感受,如主动询问父母的健康状况,为家人准备简单的茶水或食物,表现出对家人的关心和爱护。

2. 认真学习。儿童能够认真对待学习任务,按时完成作业,积极参与课堂活动,表现出对学习的热情和责任感。

3. 乐于助人。儿童能够主动帮助有困难的同伴,如借文具、解答问题、共同完成任务等,表现出对同伴的关心和帮助。

4. 团队合作。在团队活动中,儿童能够积极参与,与同伴共同协作,共同完成任务,表现出对团队精神的认同和责任感。

5. 自律自强。儿童能够自觉遵守规则,自我约束,如按时起床、睡觉,合理安排时间,表现出良好的自律性。

6. 勇于担当。他们敢于承认自己的错误,勇于承担责任,不推卸责任或逃避问题,表现出对自己的行为负责的态度。

7. 积极进取。儿童能够积极面对挑战和困难,不轻易放弃,努力追求进步和成长,表现出对自己的期望和责任感。

二、异常表现

1. 缺乏自理能力。不会主动收拾自己的物品、玩具和学习用品,而是随处乱放,当找不到时便会大喊大叫甚至哭闹。

2. 逃避责任。会把问题的原因推卸给其他因素,而不愿意承认是因为自己的原因导致的。

3. 以自我感受为中心。会因为感到辛苦或不愿意做某事而要求他人代劳,不考虑自己的行为是否给他人带来了负担或麻烦。

4. 半途而废。缺乏坚持和毅力,不愿意付出努力去面对和解决问题。这种半途而废的行为不仅会影响他们的学业和事业,还会削弱他们的自信心和成就感。

5. 过度责任感。儿童会觉得一切事情都得自己扛,所有问题都得自己解决,甚至觉得周围人出了什么事儿,自己也有责任。

【处理方法】

（一）该如何培养孩子的守信品质呢

1. 学会尊重孩子。诚信源于尊重。17 世纪捷克大教育家夸美纽斯指出："应当像尊重上帝一样尊重你的孩子。"儿童是具有独立人格的人，是自我发展的主体。从马斯洛的需要层次理论我们也可以领悟到这样一点：在某种程度上如果儿童的自尊心受到挑战，得不到所期望的尊重，他就有可能会表现出不诚信的言行。所以，要想让孩子获得诚信的品质，你需要尊重你的孩子。

2. 重视责任感对诚信品质的影响。责任感是一个真诚的人的显著标志。对自己负责，不自欺；对他人负责，不欺人，其言必信，言行一致，表里如一，是一个人受到别人尊重与信赖的基本条件。重视对孩子责任心的培养，从身边力所能及的小事做起，教会孩子做错了事情要自己负责，这有助于孩子诚信品质的养成。

3. 发挥榜样的作用。美国著名心理学家戴维·艾尔金德认为："要想让孩子有教养、守道德，父母首先必须是一个品德高尚的人。"如果你是一个诚实、正直、守信、正派、富有爱心的人，那么你的孩子也同样会具有这些品质。因此，父母应时刻检点自己的言行，从日常生活中点点滴滴做起，为孩子树立诚实守信的正面榜样，这样，对孩子的诚信教育才会有实效。

（二）应该怎样培养孩子的责任感呢

1. 培养孩子的责任感要从"小"开始，循序渐进。从"小"培养孩子的责任感，这里的"小"有两层含义，即从小时候、小事情开始培养孩子的责任感。在孩子还小的时候，要锻炼孩子生活自理的能力。比如，孩子小时候要学会吃饭、穿衣，上学的时候要自己背书包，要尽早学会扫地、倒垃圾等家务。当孩子再大的时候，就要鼓励孩子独立做一些事情。

2. 允许孩子犯错误,多对孩子进行鼓励和肯定。由于孩子年龄小,做事的经验不足,考虑问题还不够周全,所以,在做事情的过程中,难免会产生这样或那样的失误。因此,对于孩子错误的产生,父母首先要有个心理准备。当孩子取得成绩的时候,要鼓励孩子。而当孩子出现失误的时候,一方面要肯定孩子做得好的方面,对孩子进行鼓励,这样有利于培养孩子的自信心;另一方面要鼓励孩子承认错误、改正错误,并为其正确的处事态度而感到骄傲。

3. 作为父母,更要善于从错误中看到孩子的不足与潜能。能够及时地对孩子说一句"我相信你能够把事情做好!"这样不但能够增加孩子的自信心,更有利于培养孩子为人处世的良好态度,从而培养孩子的高度责任感。

父母对儿童的态度积极肯定,热情地对儿童的要求、愿望和行为进行反应,尊重儿童的意见和观点,鼓励他们表达自己的想法并参与讨论;他们对儿童提出明确的要求,并坚定地实施规则,对儿童的不良行为表示不快,而对其良好行为表现表示支持和肯定。这种高控制、情感上偏于接纳和温暖的教养方式,对儿童的心理发展带来许多积极的影响。

第十六节　如何配合孩子逐渐想"独立"的成长变化

家长困惑

为什么孩子逐渐不需要父母的帮助,喜欢"独立"完成自己的事情,父母应该如何配合?

一、正常表现

1. 能独立地做出选择,能独立做些力所能及的事情,懂得为自己的事情负责。

2. 能够独自判断自我价值,不轻易依赖他人,能独立完成自己的事情。

3. 喜欢思考,有自己的想法,展现出自立的一面。

4. 具有很强的竞争意识,遇到事情会主动思考,并努力寻求解决的方法。

5. 能够摆脱以自我为中心,能够自己解决问题,不再过度依赖父母,也不再索求他人的帮助。

二、异常表现

1. 孩子离开家到外面时,不敢独立去做什么,胆怯、退缩。

2. 孩子完全依赖父母,独立性较差,自理能力差,衣来伸手,饭来张口。

3. 孩子只考虑自己,不顾别人。

4. 不愿意也不会和小伙伴友好相处。

【处理方法】

1. 在日常生活中,培养儿童自理能力和良好的生活习惯。家长要放手让儿童独立地做事情,不要怕儿童做不好,不要怕太费时间,要有耐心,要让儿童在独立做事情的过程中学会必要的生活技能。

2. 学龄初期注意培养儿童思维的逻辑性,同时也要注意培养儿童思维的灵活性和批判性。多用具体的事例来说明原理,多提启发性的问题来引导儿童思考,在要求儿童回答问题的时候多让儿童"想一想"。

3. 对于初入学的儿童必须学会照料自己的生活,如吃饭、穿衣、洗脸、梳头、整理书包等,而不能事事依靠父母或他人代做。家长的过分照顾,不但不利于儿童独立性的发展,而且会使儿童形成一些不良的个性品质,如懒惰、依赖性强等。

4. 树立儿童克服困难的信心,慢慢地孩子独立解决问题的习惯就会培养起来。可以让儿童参加一些家庭服务劳动,如帮助父母打扫房间、购买物品等,是培养儿童独立性和责任感的有效手段之一。

5. 如果一味地借助家长和老师的力量来帮助儿童解决问题,儿童自己解决问题的能力就得不到锻炼,逐渐地就会对产生的问题感到恐惧,遇到问题就会手忙脚乱,无所适从。这时他可能就会后悔,如果自己当初学会独立解决问题就会好,我们应当让孩子明白的是克服困难是需要依靠自己的力量,应当养成独立解决问题的习惯。

6. 儿童在母亲不同态度的长期影响下,便形成了不同的性格特征,如母亲是民主那么孩子多是独立的、爽直的、协作的、亲切的、社交的,相反母亲是专制的那么孩子多是依赖的、反抗的、情绪不安、以自我为中心。

7. 儿童通过同伴交往,可以逐渐认识到他人的特点及自己在他人心目中的形象和地位;学会参与群体的共同活动,以及在共同活动中如何处理与其他同伴的关系;学会当与同伴发生冲突时如何坚持自己的正确意见或放弃自己的想法,从而使儿童的社会技能迅速提高。

第十七节　如何教孩子面对老师"不合理"的批评

家长困惑

当孩子在学校受到老师批评、惩罚了,老师不允许做喜欢做的事,受到老师的误解或者不公正的批评、对待等,家长应该如何教孩子应对这种"不合理"的批评?

一、正常表现

1. 正确对待老师的批评。当老师批评孩子时,应该保持冷静,理解这是老师出于关心,希望我们进步。

2. 积极沟通。如果孩子对老师的批评有不同意见,可以适当地与老师沟通,表达自己的看法,同时也要尊重老师的立场。

3. 积极引导孩子。家长应该引导孩子正确看待批评和表扬,让孩子明白,被批评是帮助自己改正错误的机会,而表扬是鼓励自己继续努力的动力。

二、异常表现

1. 性格内向的儿童受批评后会长时间闷闷不乐,活动积极性不高。

2. 孩子受到老师批评时出现注意力不集中,观察、记忆、回答问题等各种心理活动的水平都会降低。

3. 孩子受到老师批评时出现情绪过于激动,不能很好地完成各种任务。

【处理方法】

1. 让孩子将内心的真实感受和好朋友说一说。每个孩子被批评了,都会有类似的感受,即便是看起来满不在乎的人,他们也不是真的毫不在意。鼓励孩子跟好朋友说说自己的感受,如果不想让别人知道,也可以跟自己喜欢的布偶,或某个特别钟爱的、像朋友一样的玩具说一说,让这些情绪有机会表达出来。

2. 犯错没关系,及时改正就好。有时候,老师批评孩子,是因为真的做错了,老师只是想要帮助孩子改正错误,让他们懂得什么事情该做,什么事情不该做。家长应告诉孩子要是自己真的做错了,一定要有改正错误的勇气。真正厉害的人,不是从不犯错的人,而是知错能改的人。

3. 被误解别冲动,澄清真相有必要。老师也是普通人,难免会有犯错的时候。家长可以告诉孩子,"当老师因为误解你而批评你,委屈、羞辱的情绪涌上来,你会很容易说出冲动的话,做出冲动的事。我知道这并不是你的本意,你可以等情绪平复之后,再去跟老师澄清真相,相信明事理的老师会理解的"。

4. 接受并感激老师的表扬。当老师表扬孩子时,家长应该表示感谢,感谢老师对孩子的关注和帮助。

5. 鼓励孩子。家长应该鼓励孩子从批评中学习,从表扬中汲取动力,让孩子知道失败是成功之母,鼓励孩子不断进步。

6. 保持积极的态度。无论面对表扬还是批评,都应保持积极的态度,把注意力放在如何改进和进步上。

第十八节　如何帮助学习困难的孩子摆脱困境

家长困惑

为什么我家孩子学习困难,跟不上同班同学的学习进度?

一、正常表现

1. 学习困难儿童的智力是正常的,即智商处在正常范围之内但在学习上确实存在着较严重的困难,学习成绩与自身的潜力存在显著的差异。

2. 造成学习困难的原因既可能是知觉缺陷、脑损伤、轻微脑功能失调、失读症、发展性失语症,也可能是长期情绪不好、环境或教育不利。

3. 学习困难具体表现在听、说、读、写、拼音、推理或数学计算方面能力不足,注意范围狭小、持久性短,社会交往有困难,还可能存在一定的行为问题。

由于认知能力、情绪、生理、教育背景等多种因素导致学习状况不良或学习暂时落后。

二、异常表现

表现有阅读障碍、书写障碍、计算障碍、听觉加工障碍、语言加工障碍、非语言学习障碍、视觉感知障碍,以及影响学习表现的其他障碍,如注意缺陷多动障碍、运动障碍、执行功能障碍,可单独存在或涉及多个方面异常同时存在。

【处理方法】

(一)正常表现处理方法

当孩子遭遇学习困难时,只要我们积极帮助孩子进行矫正,孩子就能够在一定程度上成功地跨越这些障碍。

1. 给学习困难的孩子以自信

自信心是孩子成功的内在动力。学习困难的孩子大都存在自我认知差、自信心不足的情况。完善孩子自我形象最重要的训练方法就是增强孩子的自信心,而这种训练在年龄越小的学生中进行效果越好。心理学上常用的训练方法就是发掘孩子的闪光点,总结如下:

(1)让孩子喜欢自己。

(2)让孩子学会向大家正式介绍自己。

(3)让孩子说出自己的优点和长处。

(4)让孩子面对大家大声唱出自己熟悉和喜欢的歌曲,也可以进行诗朗诵、讲故事和各种表演等。

(5)提高孩子自信心最有效、最重要的手段是及时表扬。

2. 离异家庭的儿童心理敏感、自卑、易受伤害,常常陷入情绪困扰中。近年来,由于离异家庭比例明显上升,且不少学习困难问题都与这种特殊的家庭变故有关,因此,面临离异问题的家长对孩子进行情绪调整的指导就显得更加重要。

3. 一个专业化教师的重要性。

(二)异常表现处理方法

1. 及时就医,早治疗。

2. 生物反馈疗法。生物反馈疗法是利用现代生理科学仪器,通过人体内生理或病理信息的自身反馈,使患者经过特殊训练后,进行有意识的"意念"控制和心理训练,从而消除病理过程、恢复身心健康的新型心理治疗方法。

3. 团体生物反馈仪。

4. 经颅磁刺激技术。利用经颅磁刺激技术等物理因子疗法通过调节大脑皮质兴奋性,从而改善其认知功能。

5. 医教结合。医疗、教育、心理和家庭几方面的综合干预,父母和老师介入指导时理解和接纳孩子,保护和强化儿童的自信心,预防其自我低评价,避免高起点、超负荷的学习训练。

第十九节　如何帮助学龄期孩子战胜睡眠困难

家长困惑

为什么孩子晚上睡觉不踏实,出现晚上不睡、早上不起的情况?

一、帮助睡眠的方法

1. 创造良好的睡眠环境。卧室应空气清新,温度适宜,可在卧室开盏小灯,睡后应熄灯。不宜在卧室放置电视、电话、电脑、游戏机等设备。

2. 父母的关心和安抚。帮儿童放宽心。排除生理和身体上的因素,父母要尽量避免那些可能引发夜惊症的事情发生,从客观上解除儿童的心理压力。

3. 户外活动。白天适度增加儿童的运动量,不仅可以增强体质,还能促进其脑神经递质的平衡。每天有一定的户外活动,尤其是上午接受阳光照射有助于调节生物钟,提高睡眠质量。

4. 规律作息。儿童睡眠逐渐规律,宜固定就寝时间,一般不晚于21:00,但也不提倡过早上床。节假日保持相对固定、规律的睡眠作息。

5. 建立入睡前常规。每晚睡觉前 30～60 分钟应该是比较放松、安静的时间，可以看书、听舒缓的音乐，帮助身体和大脑放松准备睡觉。

6. 睡前不参与兴奋活动

（1）不要在睡觉前 30 分钟内看电视、做功课、运动或参与比较兴奋的活动。

（2）晚上不要饿着肚子睡觉，可以在睡觉前吃一些点心，但不要在睡觉前 1 小时内吃很多东西，这样会使睡眠不安。

（3）下午及晚上都应该避免摄入含有咖啡因的食物，如咖啡、茶、可乐以及巧克力等。

二、睡眠异常的处理方法

导致孩子入睡困难最典型的疾病是儿童呼吸睡眠暂停综合征。主要表现为睡眠时打鼾、张口呼吸、晨起口干、白天困倦、夜尿增多等症状。扁桃体及腺样体肥大是儿童睡眠呼吸障碍最主要的病因，如果得不到及时的诊断和有效的干预，将导致一系列严重的并发症。所以如果孩子打鼾≥3 晚/周，需要及时带孩子前往耳鼻喉科就诊。

第二十节　如何看待学龄期肥胖对孩子身心健康状况的影响

家长困惑

为什么孩子食量很大，胖得很快？如何判断孩子肥胖以及肥胖会给孩子带来哪些影响？

一、正常表现

1. 食欲极佳。小儿食欲极佳，食欲旺盛、食量大大超过一般小儿，且喜食淀粉类、甜食和高脂肪食物，不喜欢吃蔬菜等清淡食物。

2. 体重/体脂超过参照人群值的界值点。体格生长发育迅速,但骨骼正常或超过同龄小儿,体重超过同性别、同身高正常儿均值20%以上,或体重超过同身高健康儿平均体重的2个标准差。

3. 性发育。性发育一般较早或正常。男孩由于大腿会阴部脂肪过多,阴茎可掩藏在脂肪组织中,而显得很小,实际上属正常范围。

4. 有氧能力损伤。肥胖症小儿临床上常无其他不适,但有活动时心跳、气短、易累的外部表现和不爱参加体力活动的行为习惯。

二、异常表现

1. 影响长高。骨龄的变化与雌激素密切相关,肥胖可能存在雌激素分泌过多的风险,从而导致骨龄加速,最终可能影响成年身高。

2. 青春期提早发育。目前儿童早熟的发病率很高,尤其女孩子发育提前年龄更明显,这与肥胖关系密切。

3. 增加患病风险。中重度肥胖可让孩子出现如高血压、心脏疾病、血脂异常、高血糖、高尿酸、脂肪肝、哮喘、睡眠呼吸暂停综合征等传统观念中的"成年慢性病"。

4. 出现心理问题。因肥胖引起心理问题的儿童很常见。肥胖的孩子表现为穿衣不自信,有自卑感,不喜欢人际交往及户外运动,害怕被人取笑,过于担忧自己的形象。同时还会出现行为异常、性格缺陷、交往困难,抑郁,情绪焦虑等问题,这些都会随着肥胖的程度和持续时间而加重。

5. 智力及神经认知功能改变。肥胖程度越高,对认知与智力的影响越大。

【处理方法】

(一)培养良好的饮食习惯、生活习惯

1. 限制饮食。饮食控制的目的不是节食,而是通过培养良好的饮食习惯、正确的饮食方式使体重下降。家庭膳食推荐低热量、低脂肪、适量优质蛋白质和全谷物。

2. 增加新鲜蔬菜和水果在膳食中的比重。

3. 尽量避免摄入含糖饮料和过多零食和点心。

（二）增强体育锻炼

肥胖儿童应每日坚持运动，养成习惯。可先从小运动量活动开始，而后逐步增加运动量与活动时间。应避免剧烈运动，以防增加食欲。

（三）心理治疗

评估肥胖儿童是否存在心理偏差。针对性地进行心理卫生教育，使之能自觉控制饮食，参加体育锻炼，并能正视自我，消除因肥胖而产生的各种不良心态。对情绪创伤或心理异常者，必要时请心理医生干预。

（四）行为治疗

肥胖儿童的行为偏差不仅导致心理问题，也影响肥胖干预方案实施和效果。行为偏差纠正应遵循个体化原则，不脱离儿童日常生活模式。

（五）药物治疗

建议只有在经过正式的强化调整生活方式干预后，还未能控制体重增加或改善并发症，或有运动禁忌时，才能对肥胖患儿进行药物治疗。具体使用情况需在医生的指导下正确使用。

（六）代谢减重手术

代谢减重手术是一种有创操作，儿童人群应慎重选择。

第五章

青春期(12～18岁)心理困扰

第一节 什么是长大成人的自我意识

什么是孩子长大成人的自我意识,家长应该如何应对?

【表现】

长大成人的自我意识是孩子对在成长过程中自身身份、能力和角色的认识和理解。这个过程从儿童时期开始,随着年龄的增长,逐渐形成并完善这种自我意识。在这个过程中,家庭环境、教育和社会化经历都起到了重要作用。

【处理方法】

1. 家庭是自我意识形成的第一环境。父母的态度、期望和与孩子的互动方式都会影响孩子的自我意识。所以建立安全、温馨的家庭氛围,是孩子形成良好自我意识的重要起点。应让孩子感受到家庭环境的安全、温馨和舒适,孩子在这样的环境中能够感到放松和安全。同时也应该给予孩子足够的关爱和支持,让他们感到被理解和尊重。

2. 在学校,教师的支持、同伴之间的互动以及学习成就也会影响孩子的自我概念。

3. 随着孩子们进入社会,通过与同龄人的交往和参与集体活动,自我意识得到进一步的发展和完善。

总的来说,自我意识的发展是一个逐步的过程,受到多种因素的影响。通过积极的家庭教育、适当的学校支持和丰富的社会化活动,可以促进孩子自我意识的健康、全面发展。这对于孩子非常重要,因为可以帮助他们更好地了解自己,找到自己的位置,并做出明智的决策。

第二节　什么是孩子的"叛逆期"

家长困惑

为什么孩子在某一特定阶段,会表现出对父母、老师或社会规范的反抗行为?

【表现】

由于青春期是孩子生理变化最为明显的时期,激素的分泌和身体的发育都可能对孩子的情绪和行为产生影响。孩子在这一时期渴望得到更多的自主权和独立性,希望得到他人的认可和尊重。加上诸多外部环境因素,如家庭环境、学校环境和社会文化等,都可能对孩子的叛逆行为产生影响。在叛逆期,孩子可能表现出以下一些典型行为:

1. 对父母的规则和要求产生抵触情绪,经常拒绝执行。

2. 对权威的质疑和挑战,包括父母、老师等。

3. 情绪波动大,容易激动和愤怒。

4. 追求个性和独特性,可能表现出一些与众不同的行为或穿着。

5. 对未来感到迷茫和不确定,对学习和生活失去兴趣。

【处理方法】

1. 理解和尊重。首先要理解孩子的叛逆行为背后的心理需求,尊重他们的个性和独特性。

2. 沟通和倾听。与孩子建立良好的沟通机制,倾听他们的想法和意见,给予他们表达的机会。

3. 适度放任。在一定范围内给予孩子更多的自主权和独立性,让他们学会自我管理和决策。

4. 设定合理的规则和限制。在确保安全和合理的前提下,为孩子设定明确的规则和限制,让他们明白哪些行为是可以接受的,哪些是不可以接受的。

5. 引导和支持。引导孩子积极面对生活和学习中的挑战,给予他们必要的支持和帮助。如:鼓励孩子以积极、乐观的态度面对挑战,告诉他们困难是成长的催化剂,每一次克服挑战都会让他们变得更加强大;鼓励孩子树立积极的心态,当孩子遇到困难和挑战时,家长可以与他们一起分析问题,寻找解决方案。

第三节　如何应对青春期的容貌焦虑

家长困惑

为什么孩子很在意自己的容貌,放大自己的缺点,对自己的容貌感到很焦虑,家长应如何帮助孩子正确面对?

【表现】

1. 容貌焦虑

所谓"容貌焦虑"是指在放大颜值作用的环境下,很多人对于自己的外貌不够自信。简单来说,是指个体担心自己的容貌达不到外界对于美的标准,预期会受到他人的消极评价,而处于担忧、烦恼、紧张、不安的情绪中,也有人称其为外貌焦虑、外表焦虑等。在这种状态下的人,会经常检查、调整自己的容貌和外在形象。

2. 爱美是容貌焦虑吗

正常爱美不是容貌焦虑。爱美之心,人皆有之,正常的爱美不会伴随着强烈的焦虑情绪。容貌焦虑,顾名思义是有焦虑存在的。这种焦虑很大程度上来源于"别人看我……"通常把自己放在一个被观察的位置上,即使别人不在场,仍然会在脑中想象别人看待自己的目光。这个时候,更多的不是关注真实的自己,而是关注外界对自己的评价,以及自己和这个评价之间的差距。这个差距,毫无疑问会引起焦虑。

【处理方法】

1. 学会接受不完美的自己。

2. 树立正确的审美观。

3. 多给自己正向的心理暗示。

4. 打造自己的核心竞争力。

5. 心理咨询。认知行为疗法(CBT)是处理容貌焦虑的常用心理咨询方法。心理咨询师通过认知重构,可以帮助咨询者减少对外貌的过度关注和担忧。

6. 市场监管部门对制造"容貌焦虑"等情形予以重点打击。

第四节 什么是青少年焦虑障碍

家长困惑

为什么孩子会经常出现对某些事情的过度担忧、恐惧、不安和紧张等心理障碍症状?

【表现】

1. 躯体症状。如心悸、手抖、出汗、尿频、失眠多梦、眩晕乏力等。

2. 情绪症状。表现为持续的紧张不安、恐惧、害怕和忧虑。

3. 行为症状。包括坐立不安、心神不宁、注意力无法集中等。

青少年焦虑障碍的发生可能与以下因素有关：

1. 遗传倾向。焦虑症并非遗传性疾病但有一定的遗传倾向。家族中存在焦虑障碍的遗传史可能增加青少年的焦虑风险。

2. 家庭环境因素。不良的家庭氛围可能导致孩子缺乏安全感和信任感。

3. 学习压力。过大的学习压力可能使学生感到焦虑、紧张和不安。

4. 社交压力。来自社交场合中的压力，可能源于对他人的期望、对自己的要求或对失败的恐惧。

5. 自我意识发展。随着年龄的增长，青少年开始思考自己的身份和价值观，这个过程可能引发内心的冲突和焦虑。

【处理方法】

应该鼓励他们尽快就医，寻求专业医生帮助，治疗的方法主要包括药物治疗和心理治疗两个方面。

第五节　什么是青少年抑郁障碍

家长困惑

为什么孩子会出现持续的悲伤感、失去兴趣和愉悦感，并伴随多种躯体和心理症状的情绪障碍？

【表现】

抑郁障碍是一种常见的心理问题，尤其在青春期这一特殊阶段更为显著。发生原因主要包括生理变化（如激素水平波动）、负性事件（如考试失败、人际关系问题）以及家庭、学校和社会环境等。通常会出现下述症状表现：

1. 情绪低落。持续感到沮丧、无助或绝望。

2. 失去兴趣。对曾经喜爱的活动或事物失去兴趣或乐趣。

3. 能量减退。明显的疲劳感,即使在休息后也难以恢复。

4. 睡眠问题。可能出现失眠、早醒或嗜睡。

5. 食欲变化。食欲增加或减少,可能导致体重的相应变化。

6. 注意力下降。难以集中注意力,影响学习和日常活动。

7. 自我价值感降低。常常自责,感觉自己无用或有负罪感。

8. 社交隔离。倾向于独处,避免与他人交流。

【处理方法】

鼓励尽快就医,寻求专业医生帮助,治疗的方法主要为药物治疗和心理治疗。家庭、学校和社会应共同为青少年提供一个支持和理解的环境。减轻学习和生活压力,鼓励青少年参与有意义的活动和培养兴趣爱好。增强青少年对心理健康问题的认识和应对能力。

第六节 如何对待孩子的"敏感"

家长困惑

为什么孩子对自我认同的探索以及对外界评价会过度关注,非常敏感,家长应该如何帮助敏感的孩子?

【表现】

1. 他们经历极端情绪。高度敏感的孩子比其他孩子更深刻地记录他们在这个世界上的感受和经历。高度敏感的孩子生活在情绪的两个极端中,他们总是有着一些非理性的想法。

2. 他们对感官输入有更大的反应。情感上高度敏感的孩子也可能对感官输入更敏感,他们对视觉、听觉、味觉、嗅觉和触觉的感受和反应比一般的孩子要来得强烈。

3. 他们更容易情绪崩溃。由于他们的敏感性,高度敏感的孩子会更容易识别和触发压力。然后,他们会被自己的巨大情绪和对感官输入的过度反应所淹没,这自然会导致更频繁和更强烈的情绪崩溃。

4. 他们敏锐地关注每一个人和每一件事。高度敏感的孩子就像一台永不停息的"处理器",他们的大脑永远不会关闭。他们敏锐地关注和分析周遭的一切。他们的大脑中就像没有内部过滤器一样,这使得他们非常有洞察力和同情心,但也意味着他们更容易不知所措,因为他们吸收的东西超出了他们的承受能力。

5. 他们有更强烈的控制需求,可以是僵化的,也可以是不灵活的。为了试图控制一个可能会让人感到不知所措的世界,高度敏感的孩子对如何让日常生活更易于管理,提出了固定的想法和期望。他们内心越是失控,他们对外界的控制就越多。

6. 他们在新情况下更加恐惧和谨慎。当高度敏感的孩子进入一个新的环境时,他们的大脑都在转动,他们想知道:这是什么地方?这里会发生什么?这些人是谁?我能从他们那里得到什么?他们会喜欢我吗?我会安全吗……这种对外界的不断分析,使他们非常聪明和富有洞察力,但这也可能是压倒性的,使他们更容易焦虑。为了应对这种新环境,他们强烈地坚持在自己的舒适区,这意味着他们经常抵制任何新事物。他们往往更难与父母分开,当开始上托儿所或学前班时,他们需要更长的时间来适应。他们会拒绝去踢足球或游泳,即使他们喜欢这些活动。

7. 他们对挫折的容忍度往往较低。高度敏感的孩子在面对具有挑战性的任务时,往往会经历更多的痛苦并更容易放弃。一般孩子在学习和掌握一项新技能或新知识时所经历过的一些困难和挫折对他们来说是无法忍受的。这使得他们很难在这些时刻去保持专注和耐心，变得容易放弃和不再轻易尝试。

8. 他们容易完美主义，很难失去。高度敏感的孩子有成为完美主义者的倾向。当他们不能完全按照他们的大脑告诉他们的那样做某事时，他们会感到失去控制，这会让他们感到非常的不舒服和难受，他们也更容易感到羞耻（感觉像是"失败"）。这也就是为什么"失去"对高度敏感的孩子来说如此困难的原因。

9. 他们很难忍受被纠正。对于高敏感的孩子来说，即使他人看似温和的言辞也可能会被视为斥责或控诉，而不是对他的有用的指导和帮助。他们的羞耻感可能会使其产生大笑、转移视线、生气或逃跑等反应，这些都是他们的应对机制，可以为大量的困难情绪提供保护和缓解。

10. 他们很在乎外界的看法和评价。高度敏感的孩子特别在乎别人是如何看待他们的。当有人注意到他们时，他们会感到非常不舒服，即使父母或其他成年人在说赞美的话；他们还对被审查或评价的感觉很敏感。这就是为什么他们对表扬感到特别不舒服，尽管这看起来有悖常理，因为他们知道这意味着他们正在接受评价，应对压力。

【处理方法】

青少年时期的敏感往往源自家庭。家长首先需要认识到，这种敏感是成长的一部分，而非缺陷。

1. 注意沟通的方式。父母在与孩子沟通时注意沟通的方式，尽量不要伤害到孩子敏感的心，沟通秘诀是"两少一多"：少指责、少说教、多倾听。

2. 肯定孩子

（1）家长不要总盯着孩子的缺点，也不要拿孩子的短处去和别的孩子进行比较，在与孩子进行接触时，要尽可能地找到孩子的优点，多给予鼓励，以减少孩子敏感、脆弱的心理。

（2）尊重孩子的想法，与孩子做朋友，用平等的姿态和孩子交流，在孩子做一件事情的时候，要对孩子有足够的信心。

（3）让孩子充分地表达自己的情感和想法，让孩子知道自己的情感是被接受和尊重的。

（4）避免过度干涉和溺爱孩子，允许孩子在试错中成长。

3. 培养孩子的人际交往能力

（1）帮助孩子学习避免冲突和误解的方法，学会与别人交流。

（2）引导孩子欣赏他人的优点和长处，学会尊重他人，鼓励孩子敢于社交、善于社交，体会在社交场合的舒适和自信。

（3）教会孩子正确看待并处理他人对自己的评价，培养强大的心理承受能力。

4. 让孩子有被讨厌的勇气。告诉孩子，别人喜欢或不喜欢自己都没有关系，只要自己喜欢自己就可以了。我们的人生不是为了讨得别人喜欢，而是活出精彩的自我。

5. 给孩子一个健康的家庭氛围。家庭成员要管理好情绪，相互关心、支持，家庭氛围和睦、温暖，让孩子能感受到充分的关爱和安全感。

第七节　如何对待孩子"玩网络游戏"

家长困惑

孩子过度沉迷网络游戏，父母应该怎么做？

【表现】

网络游戏可以锻炼孩子的逻辑思维能力和解决问题的能力。同时，游戏中的团队合作也能让孩子学会与他人协作，培养团队精神和沟通能力。然而，过度沉迷网络游戏，不仅会占用孩子大量的时间和精力,游戏中的暴力和不良信息还可能对孩子的价值观和行为产生不良影响。

【处理方法】

1. 设定合理的规则

(1)合理安排每天玩游戏的时间;

(2)家长应该选择适合孩子年龄的游戏;

(3)家长应该与孩子一起制订一些奖惩措施。

2. 加强与孩子的沟通。加强与孩子的沟通,这不仅能帮助家长更好地理解孩子,还能及时发现并解决可能出现的问题。同时,家长也可以借此机会向孩子传授正确的价值观和行为准则,引导他们形成健康的游戏观念。

3. 积极参与孩子的游戏活动。为了更好地引导孩子玩游戏,家长可以尝试积极参与到孩子的游戏活动中去。这不仅能够增进亲子关系,还能让家长更好地了解游戏的玩法和规则,从而更有效地指导孩子。

4. 培养孩子的多元兴趣。除了玩游戏外,家长还应该注重培养孩子的多元兴趣。让孩子参加各种课外活动和兴趣班,发展他们的才艺和技能。

第八节　如何对孩子生理变化进行指导

家长困惑

随着孩子进入青春期,孩子的生理逐渐出现变化,如何正确对孩子生理变化进行指导?

【表现】

1. 青春期男孩子的生理变化。男孩子一般从 12 岁左右开始发育,身高、体重开始快速增长,皮肤可能出现青春痘;嗓音开始变得低沉,喉结凸出;肩膀宽平,肌肉发达;胡须出现,腋毛、体毛和阴毛开始生长;生殖器官发育,阴茎、睾丸变大,包皮后退,睾丸开始产生精子并分泌雄激素,随着前列腺的发育,男孩在15～16岁出现遗精。

2. 青春期女孩子的生理变化。伴随着青春期的到来,少女乳房隆起,皮肤变得细腻;开始出现阴毛、腋毛,骨盆变宽,皮下脂肪增多,因而身体显得柔软而富有弹性,S曲线身材越来越明显,形成女性特有体态;其中,乳房发育是女性第二性征的最初特征。月经初潮通常发生于乳房发育两年半之后。在12～16岁迎来月经初潮,标志着青春期已经到来。

【处理方法】

当家长们难以开口和孩子谈论"性"时,不如选择用一本青春期读物来给孩子上好青春期教育的第一课。

1. 主动和孩子讲解生理变化。

2. 给孩子挑选一本健康科学的书籍。

3. 适时对孩子进行性知识教育。

(1)引导男孩正确看待遗精;男性性梦中常常伴有遗精,属正常的生理现象,遗精在某种程度上可以解除体内的紧张。

(2)到青春期后,有的男孩子会用手淫的方法进行宣泄,释放性能量,缓解性紧张,但是手淫并不是值得提倡的行为,平时要培养广泛的兴趣爱好,多参加各种有益的活动。

(3)引导女孩正确处理月经。对经期卫生指导的重点是:保持外阴清洁,每天清洗;卫生用品要干净;尽量避免剧烈运动,不要游泳;注意饮食,不食用刺激性的食物;注意保暖,不要受凉;保持心情舒畅。

第九节　如何帮助孩子与异性相处

家长困惑

　　对于绝大多数父母来说，让孩子与异性正确相处可能是一个令人头疼的问题。在孩子的成长的过程中，会遇到各种各样的情感挑战，其中包括与异性的互动。这需要家长们有一个正确的认识，以便给孩子们正确的指导。

【处理方法】

　　1. 在孩子的成长过程中，对异性产生好奇和兴趣是正常且健康的现象。家长和教育者都需要采取积极的态度，引导孩子正确理解和处理与异性的关系。不能采取嘲讽、辱骂等方式刺激孩子，更不能采取野蛮和粗暴的方式打压孩子。

　　2. 家长应与孩子进行开放而诚实的对话，了解孩子与异性相处的目的是什么，讨论性别角色、尊重他人以及保护个人隐私的重要性。通过这样的对话，孩子可以学会如何在保持自我界限的同时，尊重他人的界限。

　　3. 鼓励孩子参与集体活动，如体育运动、兴趣小组等，在活动中学习如何与异性互动。在这些活动中，孩子可以发展良好的社交技能和人际交往能力。同时，培养孩子的自信心和独立性非常重要。鼓励他们表达自己的观点和想法，学会独立思考和解决问题，这将有助于他们在社交中更加自信，并在未来的人际关系中更加成熟和自主。

　　4. 更重要的是，还应教会孩子如何设置和维护健康的界限。尊重自己和他人，保持适当的心理距离，并学会拒绝不适当的行为或邀请。

　　通过上述方法，可以帮助孩子建立一个健康、积极的异性交往模式,为他们的成长和发展奠定坚实的基础。

第十节 如何对待孩子对青春的向往

家长困惑

随着孩子进入青春期,孩子会有自己的想法、爱好,比如疯狂追星等行为,家长不知道如何正确对待这件事情。

【表现】

1. 追星。追星是指孩子们为了某个明星,疯狂地收集他们的海报、专辑,甚至不远万里去参加他们的演唱会。作为家长,不要简单地将其视为一种幼稚的行为而加以否定,而是应该尝试去理解孩子为何喜欢这位明星,通过这种理解,我们可以更好地引导孩子,帮助他们建立健康的追星心态。

2. 追逐潮流。潮流,是指孩子们通过穿着打扮、言谈举止来展示自己的个性,追求与众不同。作为家长,应该尊重孩子的个性选择。不要过于强调自己的审美观念,而是应该给予孩子足够的空间去尝试和探索。同时,家长也应该引导孩子理性看待潮流,让他们明白潮流只是外在的一种表现,真正的个性应来自内心的坚守和独特的思考。

【处理方法】

面对孩子对青春的向往和追求,家长的角色至关重要。首先,应该保持开放的心态,尊重孩子的选择和决定。其次,应该给予孩子足够的支持和鼓励。最后,应该引导孩子建立正确的价值观和行为准则。总之,对待孩子对青春的向往和追求,家长应该以开放、尊重和理解的态度去面对。通过合理的引导和支持,帮助孩子建立健康的心态和良好的行为习惯,让他们在青春的道路上绽放出最绚烂的光彩。

第十一节　如何培养孩子的抗压能力

家长困惑

　　孩子的抗压能力是指孩子在面对压力和挑战时，能够积极有效应对并适应的能力。这种能力包括心理承受能力、情绪调节能力、自我管理能力、时间安排能力等多个方面。该怎样培养孩子的抗压能力呢？

【处理方法】

　　需要明确这个问题的前提是孩子的抗压能力不是一蹴而就的，而是在日常生活中逐渐培养起来的，这个过程需要家长和教师给予正确引导和帮助。

　　1. 建立沟通渠道。与孩子建立良好的沟通，让他们感受到支持和理解，这样有助于他们更好地应对压力。

　　2. 鼓励体育活动。体育活动可以帮助孩子释放压力，增强身体素质，并提高自信心。在这里需要和大家指出的是体育活动不单单是孩子与孩子的活动，也可以是孩子与父母的活动，如：羽毛球运动、篮球投球比赛等。

　　3. 倾听和理解孩子。给孩子表达感受的时间，认真倾听他们的烦恼和压力来源。有时候父母总是存在这样的感受：太重要了，讲得太好了，但很难付诸行动去倾听孩子的感受，甚至因为自己的一些烦心事而迁怒于孩子，久而久之，孩子也就不想说了，直到孩子出现了心理问题时才追悔莫及。

　　4. 鼓励积极情绪。引导孩子关注积极的一面，并教会他们找到如何解决问题的办法。这在孩子的考试成绩方面应该引起家长的注意，别总是批评孩子的 99 分，而忽略了孩子为了 99 分所做出的努力，更不能批评孩子已经在语文、数学中的"双百"成绩,却因英语成绩的 99 分而痛骂孩子。一定要给予积极的引导。

5. 培养独立意识。让孩子决定和处理自己的事情,这样可以培养他们的自主动手能力和解决问题的能力。可以多问孩子,你认为怎么办更好? 如果是你做,你会怎么做?

6. 参与家庭和社会实践。鼓励孩子多参与家庭劳动和社会实践,这样可以培养他们的抗挫折能力和健康心理。

7. 纠正思维方式。如果孩子经常以悲观的心态看待事物,家长需要引导他们改变这种思维方式。

8. 培养分析问题和失败的习惯。通过有意识地指导,让孩子了解整个分析过程,从而提高他们的心理韧性。

另外,合理安排运动也可以减轻压力和疲劳,比如科学地分配体力劳动、脑力劳动和休息的时间,做到劳逸结合。这样有助于孩子更好地应对压力和挑战。

第十二节　什么是"阳光型抑郁"

家长困惑

为什么孩子平时看起来很阳光、积极,但是有时候在家却情绪低落、毫无生气?

【表现】

阳光型抑郁症,又称微笑抑郁症,是一种特殊的抑郁症类型。患者在社交场合中通常能够很好地掩饰自己的抑郁情绪,展现出快乐、积极的一面,但在独处或面对亲近的人时,却会流露出真实的抑郁症状。这种病症的隐蔽性使得它往往难以被及时发现和治疗。

（一）阳光型抑郁症的特征

1. 情绪掩饰。患者在社交场合中表现出"微笑面具"，掩饰自己的真实情感，让他人误以为他们过得很好。

2. 情绪波动。独处时或面对亲近的人时，患者会表现出情绪低落、兴趣丧失、疲劳无力、注意力难以集中等抑郁症状。

3. 躯体化症状。患者可能伴随有睡眠障碍、食欲改变、体重下降或增加等躯体化症状。

4. 自责与自罪感。患者常常自我评价过低，对自己持有负面的看法，认为自己无用、无望、无助、无价值，常伴有自责感。

5. 社交障碍。尽管在表面上看起来善于社交，但患者内心深处可能感到孤独和难以融入群体。

（二）阳光型抑郁症的成因

1. 遗传因素。阳光型抑郁症与遗传因素密切相关。如果患者有患抑郁症家族史，个体患阳光型抑郁症的风险也会相应增加。

2. 生理因素。身体过度疲劳、存在感染等因素可能会诱发阳光型抑郁症。此外，内分泌失调和神经递质功能紊乱也可能与阳光型抑郁症的发生产生关联。

3. 社会心理因素。个人生活经历的重大刺激，如亲人死亡、工作不顺利等，以及情绪过度焦虑、紧张等社会心理因素，都可能引发阳光型抑郁症。

【处理方法】

作为家人要为其提供足够的关心和支持，应该鼓励他们尽快就医，寻求专业医生帮助。阳光型抑郁症的治疗主要包括药物治疗和心理治疗两个方面，医生会根据患者的具体情况制定个性化的治疗方案，帮助患者缓解症状、改善情绪状态。

第十三节　如何助力孩子的学习

家长困惑

> 学习是孩子成长过程中的重要环节,作为家长,不知道该怎么去给予孩子最大的帮助,让他们在学习中取得更好的成绩。

【处理方法】

1. 创造良好的学习环境。一个良好的学习环境对于孩子的学习至关重要。在物质环境方面,我们需要为孩子提供一个安静、整洁、明亮的学习空间。在心理环境方面,我们要营造一种宽松、和谐的家庭氛围,鼓励孩子大胆尝试、勇于探索。

2. 激发孩子的学习兴趣。兴趣是最好的老师。要激发孩子的兴趣,首先要了解他们的兴趣爱好和特长,然后尝试将这些元素融入学习中。此外,我们还要注重培养孩子的多元化兴趣,引导他们接触不同领域的知识和技能,拓宽他们的视野和思维。

3. 教授有效的学习方法。学习方法是影响学习效果的关键因素之一。首先,家长要引导孩子制定合理的学习计划。其次,家长要教授孩子一些具体的学习技巧,帮助孩子更好地理解和掌握知识,提高学习效率。最后,家长还要鼓励孩子养成良好的学习习惯,让孩子在学习中更加自律和高效,为未来的学习和发展打下坚实的基础。

4. 提供情绪支持。当孩子遇到学习困难时,我们要耐心倾听他们的困扰和烦恼,给予积极的鼓励和建议。同时,我们还要教会孩子如何正确面对挫折和失败,培养他们的解决问题能力和抗挫能力。此外,我们还要关注孩子的情绪变化,及时发现和解决他们的心理问题。

5. 加强家庭与学校的合作。家庭和学校是孩子学习成长的重要场所,作为家长,我们要与学校保持良好的沟通,及时了解孩子在学校的学习情况和表现。同时,我们还要积极参与学校的各项活动,支持学校的教育教学工作,为孩子创造更好的学习条件和环境。

第十四节　如何和孩子和谐相处

家长困惑

随着孩子进入青春期,有些家长发现,为什么与孩子之间的相处变得越来越难?

【处理方法】

为了和孩子和谐相处,父母们可以试试以下一些建议和方法:

1. 倾听。当孩子与你分享他们的想法、感受和经历时,首先,要学会倾听,给予他们充分的关注。

2. 开放沟通。鼓励孩子表达自己的意见,即使不同意他们的观点,也不要立即反驳。让他们知道他们的声音被听到并且受到尊重。

3. 共同活动。花时间与孩子一起进行有意义的活动,如阅读、游戏或户外运动。这不仅能够增进父母与孩子之间的关系,还能够了解他们的兴趣和爱好。

4. 设定界限。明确规则和期望,并确保孩子明白后果。当他们违反规则时,要一致地执行这些后果。

5. 积极鼓励。当孩子做得好时,及时给予正面反馈。不要频繁地批评,而是寻找机会表扬他们的努力和成就。

6. 教育引导。家长的角色不仅是保护者,还是教育者。利用日常生活中的机会教育孩子,帮助他们理解世界的运作方式。

7. 情感支持。在孩子遇到困难或挫折时,为他们提供情感支持。让他们知道失败是成长的一部分,并且父母会一直在他们身边支持他们。

总之,与孩子和谐相处需要时间、耐心和努力。每个孩子都是独一无二的,所以找到适合你们的方法是关键。记住,爱、尊重和支持是建立和谐关系的基石。

第十五节 如何引导青春期孩子正确认识"性"

家长困惑

当孩子进入青春期后,家长不知道如何对孩子进行性教育。

【处理方法】

(一)注重学校教育

学校属于教育的主体单位,需要在青春期教育上发挥主导作用,根据青春期孩子的特点进行性知识普及,包括性行为、性观念及性态度等,帮助青春期孩子丰富性知识,促进青少年健康成长。

(二)注重家庭教育

1. 把握机会,主动和孩子讨论有关性的话题。在家庭中开展青春期性教育,要选择适宜的时段、合适的内容、恰当的方式,同时讲解性知识的过程应该是渐进的、连续不断的。

2. 和孩子一起读书、对话,共同成长。父母可以和孩子一起读书、思考、观察,使其得到正确的性知识。在孩子有兴趣或困惑的时候积极提问,这是父母和孩子讨论的最佳时机。

3. 尊重孩子,做孩子坚强的后盾。家长尊重孩子,日后孩子也能够学会尊重异性,在亲密关系中也能学会自重,作为家长要表达作为孩子坚强后盾的立场。

4. 教孩子学会自强。若由于男女交往不慎而发生婚前性行为时应理智面对,及时向父母、老师寻求帮助。

5. 不论男生、女生如果不幸遭遇了强暴被性侵可以采取以下应对策略:① 保持冷静,避免过度恐慌,保留可能的物证,如衣物上的 DNA 、指纹等。② 及时报案,让警方介入处理,警方可以提供专业的帮助和指导。③ 咨询律师,了解如何通过法律途径保护自己的权益。④ 寻求专业医疗帮助,去正规医院进行检查和治疗,将对身体的损害降到最低,同时寻求心理医生的帮助,处理可能遭受的心理创伤。⑤ 在处理过程中,注意保护隐私,避免信息泄露,减少对未来生活的影响。

第十六节　如何对待孩子的自闭行为

家长困惑

在日常生活中,有些孩子会在某些特定情境下表现出自闭行为,对个人和他们的社交环境造成了一定的困扰,面对这些非自闭症性自闭行为,家长应该怎么做呢?

【表现】

自闭行为是孤独症谱系障碍(ASD)的一组表现,患儿可能表现出对社交的缺乏兴趣、重复性的行为模式,以及沟通困难等症状。在日常生活中,有些孩子也可能在某些特定情境下表现出社交回避、兴趣丧失、沟通减少、语言交流困难等类似自闭的行为。

【处理方法】

(一)识别自闭行为的可能原因

1. 心理压力。在面对压力、焦虑或抑郁等负面情绪时,可能会出现自闭行为,以逃避社交和沟通。

2. 社交技能不足。由于社交技能不足或缺乏自信,在社交场合中表现出退缩、回避的行为。

3. 环境因素。如社交孤立、缺乏支持或过度刺激的环境也可能导致出现自闭行为。

4. 情感困扰。经历了情感创伤或丧失的人可能会暂时性地表现出自闭行为,以避免再次受到伤害。

（二）应对方法

1. 提供情绪支持。对于因心理压力而出现自闭行为的孩子,家长需要提供情绪上的支持。倾听他们的感受,理解他们的困扰,鼓励他们表达自己的想法和感受,积极面对问题并寻求解决方案。

2. 培养社交技能。对于社交技能不足的孩子,家长可以通过角色扮演、模拟社交场景等方式,帮助他们学习社交技能,提高自信心。同时,鼓励他们多参与社交活动,逐步扩大社交圈子。

3. 改善环境。针对环境因素导致的自闭行为,家长可以尝试改善环境以减少刺激。例如,提供安静、舒适的空间,减少社交压力等。同时,鼓励其积极适应环境,学会在不同环境中保持自我平衡。

4. 寻求专业帮助。如果自闭行为持续存在且严重影响日常生活,家长应该鼓励他们寻求专业帮助。心理医生或咨询师可以帮助他们识别和处理潜在的心理问题,并提供相应的治疗方案。

5. 培养兴趣爱好。鼓励他们参与感兴趣的活动,以培养积极的心态和情绪。兴趣爱好不仅可以分散注意力,还可以提供社交机会,帮助其更好地融入社会。

第十七节 如何应对青春期超重、肥胖的困扰

家长困惑

如何判断及应对青春期孩子的超重、肥胖?

【处理方法】

(一)正确识别

体重指数(Body Mass Index,BMI)是用来评估体重的最常用指标。判断青春期少年超重或肥胖的常用计算公式:BMI=体重(千克)÷[身高(米)]²。《学龄儿童青少年超重与肥胖筛查》(WS/T586‐2018)是国家卫健委于2018年2月23日发布,自2018年8月1日起实施且被广泛使用。6～18岁学龄儿童青少年BMI筛查超重,肥胖界值,详见表1。

表1 6～18岁学龄儿童青少年性别年龄别
BMI筛查超重与肥胖界值

单位为 kg/m²

年龄 (岁)	男 生		女 生	
	超 重	肥 胖	超 重	肥 胖
6.0～	16.4	17.7	16.2	17.5
6.5～	16.7	18.1	16.5	18.0
7.0～	17.0	18.7	16.8	18.5
7.5～	17.4	19.2	17.2	19.0
8.0～	17.8	19.7	17.6	19.4

续　表

年龄（岁）	男　生		女　生	
	超　重	肥　胖	超　重	肥　胖
8.5～	18.1	20.3	18.1	19.9
9.0～	18.5	20.8	18.5	20.4
9.5～	18.9	21.4	19.0	21.0
10.0～	19.2	21.9	19.5	21.5
10.5～	19.6	22.5	20.0	22.1
11.0～	19.9	23.0	20.5	22.7
11.5～	20.3	23.6	21.1	23.3
12.0～	20.7	24.1	21.5	23.9
12.5～	21.0	24.7	21.9	24.5
13.0～	21.4	25.2	22.2	25.0
13.5～	21.9	25.7	22.6	25.6
14.0～	22.3	26.1	22.8	25.9
14.5～	22.6	26.4	23.0	26.3
15.0～	22.9	26.6	23.2	26.6
15.5～	23.1	26.9	23.4	26.9
16.0～	23.3	27.1	23.6	27.1
16.5～	23.5	27.4	23.7	27.4
17.0～	23.7	27.6	23.8	27.6
17.5～	23.8	27.8	23.9	27.8
18.0～	24.0	28.0	24.0	28.0

使用表1界值进行超重判断，凡 BMI 大于或等于相应性别、年龄组"超重"界值点且小于"肥胖"界值点者为超重。使用表1界值进行肥胖判断，凡 BMI 大于或等于相应性别、年龄组"肥胖"界值点者为肥胖。

（二）如何应对青春期少年的超重、肥胖？

1. 倡导健康的养育和生活方式。家长应选择健康的生活方式和习惯抚育孩子，营造友好健康的家庭氛围，树立健康的生活方式典范。

2. 养成科学饮食习惯。规律进餐，减少高油、高糖类、高盐食物摄入，纠正偏食、挑食行为，养成健康饮食习惯。针对儿童青少年肥胖，《儿童青少年肥胖食养指南》所推荐的食物，请见表2，大家可以根据自己的需要和偏好进行选择和参考。

表 2　肥胖儿童青少年各类食物选择举例

分类	优选食物	限量食物	不宜食物
谷薯类	蒸煮烹饪、粗细搭配的杂米饭、杂粮面等	精白米面类、粉丝、年糕等	高油烹饪及加工的谷薯类，如油条、炸薯条、方便面、干脆面、面制辣条等；添加糖、奶油、黄油的点心，如奶油蛋糕、黄油面包、奶油爆米花等
蔬菜类	叶菜类、瓜茄类、鲜豆类、花芽类、菌藻类等	部分高淀粉含量的蔬菜，如莲藕等	高油、盐、糖烹饪及加工的蔬菜，如炸藕夹、油焖茄子、油炸的果蔬脆等
水果类	绝大部分浆果类、核果类、瓜果类等水果，如柚子、蓝莓、草莓、苹果、樱桃等	含糖量比较高的水果，如冬枣、山楂、榴莲、香蕉、荔枝、甘蔗、龙眼、芒果等	各类高糖分的水果罐头、果脯等

续 表

分类	优选食物	限量食物	不宜食物
畜禽类	畜类脂肪含量低的部位,如里脊、腱子肉等;少脂禽类,如胸脯肉、去皮腿肉等	畜类脂肪含量相对高的部位,如牛排、小排、肩部肉等;带皮禽类;较多油、盐、糖烹饪及加工的畜禽类	畜类脂肪含量高的部位,如肥肉、五花肉、蹄髈、牛腩等;富含油脂的内脏,如大肠、肥鹅肝等;高油、盐、糖烹饪及加工的畜禽类
水产类	绝大部分清蒸或水煮水产类	较多油、盐、糖等烹饪的水产类,如煎带鱼、糖醋鱼等	蟹黄和(或)蟹膏等富含脂肪和胆固醇的水产部位;油炸、腌制的水产类及其制品
豆类	大豆和杂豆制品,如豆腐、无糖豆浆等	添加少量糖和(或)油的豆制品等	油、盐、糖含量高的加工豆制品,如兰花豆、油炸豆腐、豆腐乳、豆制辣条
蛋乳类	蒸煮蛋类、脱脂及低脂乳制品,如脱脂牛奶、无糖酸奶	少油煎蛋、含少量添加糖的乳制品	含有大量添加糖的乳制品
饮料类	白水、淡茶水等	不加糖的鲜榨果汁	含糖及甜味饮料、加入植脂末或糖的奶茶、果汁饮料
坚果类	无添加油、盐、糖的原味坚果	添加少量油、盐、糖调味的坚果	添加大量油、盐、糖等调味的坚果

3. 养成积极运动的生活方式。国家卫健委发布的《儿童青少年肥胖食养指南》中建议超重或肥胖儿童青少年每周至少进行3～4次运动,每次20～60分钟中高强度运动,并鼓励多种运动方式相结合,每天减少久坐时间,每坐一小时要进行身体活动。

4. 养成优质睡眠与规律作息行为。晚餐避免过晚或过量，减少高糖类、高脂肪以及咖啡因和酒精等物质摄入，同时保持卧室环境安静、舒适，减少强光照射和噪声干扰，并尽可能在睡前进行放松活动，如阅读或冥想。对于6～12岁的学龄儿童，建议每天有9～12小时的睡眠，对于13～18岁的青少年，建议每天有8～10小时的睡眠。

5. 及时治疗肥胖及合并症状。儿童青少年肥胖及合并症状的治疗主要包括：

（1）生活方式干预。如控制食物总量，调整饮食结构和饮食行为，适当的身体活动，改善睡眠质量。

（2）药物治疗。FDA批准的适用于青少年的减肥药物主要包括奥利司他和利拉鲁肽等。但这些药物的使用需在医生的指导下进行，并注意可能的不良反应。

（3）代谢减重手术。对于生活方式和药物治疗均无效的极度肥胖患者，可以考虑进行代谢减重手术。

6. 行为心理干预

（1）行为疗法。纠正儿童青少年超重、肥胖的行为偏差，包括确定基线行为、识别主要危险因素，并制定矫正目标和奖惩方案。

（2）心理治疗。评估并处理儿童青少年超重、肥胖可能存在的心理偏差，进行心理卫生教育，帮助他们正视自我，消除因肥胖产生的不良心态。

第十八节　如何看待孩子的早恋问题

家长困惑

早恋，也称为青春期恋爱，是发生在青少年时期对异性产生兴趣、痴情或暗恋的行为，尤其是在初中生中比较多

见。目前,社会和家长对早恋的看法仍存在分歧,有人认为
这是正常现象,应该得到理解和支持,而另一些人则担心会
影响孩子的学习和心理健康。作为孩子的父母,该怎么
办呢?

【处理方法】

在面对孩子的早恋问题时,家长应该采取理解、尊重和科学
引导的态度。

一、家长需要理解并尊重孩子的感情体验,不要过度焦虑,
可以与孩子建立良好的沟通,了解他们的想法和感受。

二、家长可以分享自己的经历,提供正确的性教育信息,帮
助孩子建立健康的恋爱观和人际关系。

三、家长应积极地进行教育和引导,告诉孩子早恋是正常
的生理发育过程的一部分,不要过于焦虑。

四、孩子在早恋的过程中,也要让孩子认识到早恋可能带
来的负面影响。如因为早恋耽误学习,或过早尝试因"性"带来
的苦果而耽误学业。家长可以说明白这些问题存在的可能性并
提前给予孩子做好相应的指导,有时还得说远一些,比如失恋了
怎么办? 或者对方和别人"好"了,你会怎么办? 家长应该与孩
子共同确定健康恋爱中的边界,避免影响学业和心理健康。如
果孩子的早恋问题严重影响了学习和心理健康,可以考虑寻求
专业的心理辅导机构的帮助。

总之,家长应该通过有效的沟通和教育,帮助孩子建立健康
的恋爱观和人际关系,同时注意设定健康的边界,并在必要时寻
求专业帮助。

参 考 文 献

［1］王艳霞,谢道莉,张宗云,等. 特定型语言障碍儿童语言能力与心理理论关系的研究进展[J]. 听力学及言语疾病杂志,2024,32(2)：168-171.

［2］崔焱,张玉侠. 儿科护理学(第7版)[M]. 北京：人民卫生出版社,2021.

［3］Liddle MJ, Bradley BS, Mcgrath A. BABY EMPATHY：INFANT DISTRESS AND PEER PROSOCIAL RESPONSES. Infant Ment Health J. 2015 Jul-Aug；36(4)：446-458.

［4］Byrne EM, Eneberi A, Barker B, et al. Psychometric properties of the preschool strengths and difficulties questionnaire (SDQ) in UK 1-to-2-year-olds. Eur J Pediatr. 2024 Dec；183(12)：5339-5350.

［5］孙莉. 宝宝总流口水是病吗[J]. 健康向导,2020,26(5)：8-9.

［6］van Hulst K, van den Engel-Hoek L, Geurts ACH, et al. Development of the Drooling Infants and Preschoolers Scale (DRIPS) and reference charts for monitoring saliva control in children aged 0-4 years. Infant Behav Dev. 2018 Feb；50：247-256.

［7］齐娟. 袋鼠式护理配合婴儿抚触对新生儿睡眠的影响[J]. 中国城乡企业卫生,2024,39(4)：72-74.

［8］杨月萍. 婴儿生长发育在抚触护理下的效果观察[J]. 实用临床护理学电子杂志,2020,5(25)：161-162.

［9］Erçelik ZE，Yılmaz HB. Effectiveness of infant massage on babies growth, mother-baby attachment and mothers' self-confidence：A randomized controlled trial. Infant Behav Dev. 2023 Nov；73：101897.

［10］吴琼，王晓彤，黄艺文，等. 婴儿俯卧活动指南［J］. 中国儿童保健杂志，2024，32(8)：813 - 820.

［11］郗亚玲，于晶，郝辰. 幼儿原始反射整合与感觉统合的关系综述性研究［C］//四川省体育科学学会，四川省学生体育艺术协会. 2024 第二届四川省体育科学大会论文报告会论文集(1). 武汉体育学院武当山国际武术学院；沈阳师范大学体育科学学院，2024：8.

［12］刘祖平，赵妍，朱文君，等. 2393 例 2～6 月龄足月婴儿神经运动发育评估分析［J］. 四川医学，2023，44(1)：27 - 32.

［13］鲍秀兰. 婴幼儿早期教育和早期干预［M］. 北京：人民卫生出版社，2018.

［14］杨玉凤. 儿童发育行为心理评定量表(第 2 版)［M］. 北京：人民卫生出版社，2023.

［15］金星明，静进. 发育与行为儿科学［M］. 北京：人民卫生出版社，2022.

［16］崔玉涛. 崔玉涛育儿百科［M］. 北京：中信出版社，2019.

［17］赵莎. 有些"坏习惯"是在长智力［J］. 家庭健康，2019(1)：26.

［18］胥柯，周勤，吴明磊，等. 孤独症谱系障碍儿童的饮食睡眠问题及相关因素［J］. 中国儿童保健杂志，2024，32(3)：329 - 333.

［19］张玉梅. 儿童行为背后的心理暗示你读懂了吗？［J］. 青春期健康，2023，21(21)：86 - 87.

［20］刘路. 心理应激视域下原生家庭对儿童的影响与教育启示［J］. 中小学心理健康教育，2020，(34)：13 - 15.

[21] 劳拉·伯克. 伯克毕生发展心理学：从 0 岁到青少年（第 7 版）[M]. 陈会昌译. 北京：中国人民大学出版社，2022.

[22] 赵丽云，刘爱东，于冬梅，等. 中国儿童营养与健康状况调查报告（2015—2017）[M]. 北京：人民卫生出版社，2019.

[23] 爱贝母婴研究中心. 新生儿婴儿幼儿护理大百科[M]. 成都：四川科学技术出版社，2022.

[24] 王银杰. 儿童行为心理学[M]. 北京：当代世界出版社，2018.

[25] 鲁鹏程. 抓住儿童敏感期，你就教育对了[M]. 北京：机械工业出版社，2013.

[26] 未来教育工作室. 好孩子，是教出来的[M]. 北京：北京大学出版社，2020.

[27] 万莹. 陪孩子走过关键期：好妈妈一定要懂得的心理学[M]. 天津：天津科学技术出版社，2020.

[28] 林洪波. 如何打败孩子的拖延[M]. 北京：中国华侨出版社，2017.

[29] 闻怀沙. 所谓学习好，大多是方法好[M]. 天津：天津科学技术出版社，2021.

[30] 牛琳. 幸福家庭成就优秀孩子[M]，北京：清华大学出版社，2017.

[31] 陈威. 小学儿童心理学（第 3 版）[M]. 北京：中国人民大学出版社，2022.

[32] 朱智贤. 儿童心理学（第 6 版）[M]. 北京：人民教育出版社，2018.

[33] 马紫月. 让孩子为自己而学[M]. 北京：人民卫生出版社出版，2020.

[34] 邢子凯，邹艳侠. 屏幕时代的养育. 北京：中国纺织出版社，2024.